全国环境影响评价工程师职业资格考试系列参考资料

环境影响评价案例分析基础过关50题

（2018年版）

何新春　主编

中国环境出版社·北京

图书在版编目（CIP）数据

环境影响评价案例分析基础过关 50 题：2018 年版/何新春主编. —11 版. —北京：中国环境出版社，2018.2

全国环境影响评价工程师职业资格考试系列参考资料

ISBN 978-7-5111-3517-9

Ⅰ. ①环… Ⅱ. ①何… Ⅲ. ①环境影响—评价—案例—资格考试—习题集 Ⅳ. ①X820.3-44

中国版本图书馆 CIP 数据核字（2018）第 022662 号

出 版 人 武德凯
责任编辑 黄晓燕
文字编辑 孔 锦
责任校对 任 丽
封面制作 宋 瑞

更多信息，请关注
中国环境出版社
第一分社

出版发行 中国环境出版社
（100062 北京市东城区广渠门内大街 16 号）
网 址：http://www.cesp.com.cn
电子邮箱：bjgl@cesp.com.cn
联系电话：010-67112765（编辑管理部）
联系电话：010-67112735（第一分社）
发行热线：010-67125803，010-67113405（传真）

印 刷 北京市联华印刷厂
经 销 各地新华书店
版 次 2007 年 3 月第 1 版 2018 年 2 月第 11 版
印 次 2018 年 2 月第 1 次印刷
开 本 787×960 1/16
印 张 14
字 数 250 千字
定 价 38.00 元

本书编委会

前　言

近几年环评工程师职业资格考试越来越重实践、重运用，尤其是《环境影响评价案例分析》(以下简称《案例分析》)这一科，题目灵活多变，题干信息量大，考点复杂多样。有许多考生连续几年均因《案例分析》而折戟沉沙，个中原因：有的考生“跨界”参考，无环评实践经验；有的考生虽从事环评多年，但苦于涉及的行业单一，仍无法应对多样化的考题；还有一部分考生只注重死记硬背，结果事倍功半。

如何帮助考生在《案例分析》复习备考方面闯出一条新路？

本书作者总结近几年在环评师考前辅导方面的经验，结合所了解的考生的备考心得和教训，总结出一条：《案例分析》的复习不能靠单一的记忆，而应该使用技术导则、技术方法的相关知识进行分析，在理解行业特点的前提下进行复习。笔者对 2018 年《环境影响评价考试大纲》进行了研究，结合 13 年来环评师案例分析考试的出题特点和考查重点，对本书原有内容进行了第九次修订。本书具有以下三个特点：

第一，本书绝大多数案例来源于环评案例分析考试真题，部分案例为根据工程实践模拟的高仿真试题，尽可能涵盖可能考查的各行业类别。以历年环评案例分析考试真题为基础，让考生身临其境感受环评案例分析考试的特点、掌握环评案例分析考试的规律。

第二，本书除给出案例分析习题的“参考答案”外，还对每个案例涉及的问题进行了“考点分析”，让考生知其然，并知其所以然，以便让考生能迅速掌握考试重点，节省复习时间。

第三，书中各案例考题的“考点分析”特意将考查知识点与 2018 年《环境影响评价考试大纲》中“案例分析”的考试要点一一对应，以便考生对常考知识点进行归纳总结，做到心中有数。本书案例的选择既注重体现各行业领域的特点，保证考题的涵盖范围，又提炼、总结了各案例的共性，并专门设计了“举一反三”部分，以便考生通过一道题掌握一类知识点，触类旁通。这也正是近年来案例考试试题的特点。

最后，本书对几类常考案例类别的共性知识点及其考查方式进行了总结，以便于考生后期提纲挈领地复习、记忆。

2018 年版《环境影响评价案例分析基础过关 50 题》主要修改内容如下:

（1）根据 2017 年案例考试内容，新增了 1 个案例，并对部分案例顺序进行了调整，力求紧扣考试大纲，突出高频类别案例和高频考点。

（2）对 2017 年版中部分案例的素材、参考答案进行了精简，以节约考生时间，便于在理解中记忆，提高复习效率。

（3）对部分高频类别案例，补充了部分考题，涵盖了绝大多数考点，以便突出考试重点，提高考生复习的针对性。

（4）对 2017 年版的部分错误进行了更正，对少数不严谨的内容进行了修改。

本书修改过程中，得到中国环境科学研究院、北京国电华北电力工程有限公司、上海宝钢工程技术有限公司、河南省煤田地质局资源环境调查中心、中国恩菲工程技术有限公司的环保同仁及广大考生的指导和帮助，在此一并致谢。同时感谢中国环境出版社黄晓燕、李卫民两位编辑为本书付出的辛勤劳动。

由于编者水平有限，书中肯定会有些不尽如人意之处，欢迎广大读者和环评界同人不吝指正。作者邮箱：frankhxc@163.com。

何新春

2018 年 2 月于北京

《环境影响评价案例分析》考试注意事项

考试目的：通过本科目考试，检验具有一定实践经验的环境影响评价专业技术人员运用环境影响评价相关法律法规、技术导则与标准、技术方法解决环境影响评价实际问题的能力。

考试时间：180 分钟（三个小时）

考试题目：卷面共计八道题目，2005 年和 2006 年必答题为两道（全部为客观题），另外六道主观题选做四道；2007 年至今均采用八道题选做六道（八道题全部为主观题）的形式进行。

答题方式：在提供的专用答题卡上规定的区域内进行作答，采用计算机网络阅卷方式计分。

从前三年的考试情况来看，有近 80%的考生未能一次性通过考试，这主要是由于案例分析考试科目失败而造成的，可见案例考试已成为环评师考试最难的一道关口。因此，要通过环评师职业资格考试，就必须在备考复习阶段制定好复习战略，逐步提高自己的案例应试能力和技巧。根据高分通过环评师考试的人员总结的经验，将案例分析考试注意事项总结如下，作为大家复习应试的参考，希望能对广大考生有所帮助。

一、考试前认真系统地复习

1. 树立自信心，合理安排复习时间

很多未从事过环评工作的考生参加这类考试信心不足。有些考生没有真正从事过环评工作，或者只从事过与环评相关的工作，比如环境监测、环境管理、环境影响评价研究等，有的考生甚至从事的工作与环评工作风马牛不相及，往往自己担心考不过，其实这种担心是没必要的。俗话说：“自卑生灰心，灰心生失望，失望生动摇，动摇生失败。”很多考生担心自己会过不了关，这是一种习惯性思维，如果拥有了自信，换种思路你就会发现，成功和失败的机会是均等的。如果你心理的天平偏向失败，压力也就随之加大，应有的成绩会因此而打“折扣”；如果在拼搏中憧憬成功，就会增添向命运挑战的勇气和力量。

环评师考生们无论是考四科，还是考两科，都要绷紧一根弦，对于考四科的考生来说，可能更需要决心，因为信心和决心不足，压力就不到位。无论考几科，都要树立破釜沉舟、一次通过全部考试科目的决心。

考试成绩与是否从事过环评工作有一定的关系，但不是必然的关系。三年来就有很多从事过十几年或者二十几年环评工作的前辈没有通过环评考试，而很多未从事过环评工作的考生却顺利通过。因此成功的关键是树立自信心+方法技巧！

另外前四年很多考生在考完后，总结没有通过的原因时大多都是没有时间，仅仅看了遍书来不及复习做习题。所以，合理安排时间，处理好工作和学习的关系显得尤为重要。

2．全面有序地复习

考试命题往往“万变不离其宗”。环评案例考试的成功，取决于扎实的知识基础和灵活运用知识的能力。案例分析实际上就是考查法律法规、导则标准和技术方法在特定环评案例中的运用，它重点考查的是考生对案例的整体把握和对前三科各知识点的系统掌握情况。因此不能孤立地看案例教材，应当结合前三科的知识点进行系统和全面有序的复习，并应制订一个详细的复习计划，对前三科的内容至少要看两到三遍，相关知识点一定要掌握。对于案例，特别是自己不熟悉的行业的知识要努力做到多看熟记，把握同类项目的分析要点。

3．把握要点、紧扣考试大纲

考试大纲是考试命题的依据和根本，也是考生对课程进行复习的依据。考试大纲规定了课程考试的内容、范围和深度。因此一定要根据大纲提出的要求，结合教材，全面地理解和掌握大纲的内容，并尽力做到融会贯通。

厚厚的案例教材复习时也有一定的难度，但从近年来的案例考题来看，考题中出现的行业一般不会超出教材的范围，近年来考试涉及的行业都可在教材中找到其影子，复习时还要特别注意每个案例后面专家的点评意见，这往往是出题者设计问题的源泉。因此，案例教材的全部案例务必要通读，通读时注意总结这类行业的共性与本案例的个性。

复习完各科的教材后，可以选择一些好的案例模拟题认真地做一做，以便更好地熟悉考试题型和检测复习程度。做题对将来考试很有帮助，做题的时候应该对自己提一些要求，比如说完全按照考试要求的时间来做。

二、考试前的准备工作

考试时由于每位考生的各科考场地点是计算机随机抽选的，所以考试地点会很分散，考生应该至少在考试头一天找好考试地点，熟悉一下考场环境。考试前出发时一定要检查一下考试所需的证件（俗称“两证”，即准考证和身份证），检查是否带好考试需要用的 2B 铅笔（至少准备 2 支）、0.5 mm 的黑色钢笔或签字笔（至少准备 2 支）和无编辑功能、无声、无存储功能的计算器。

2B 铅笔注意要把笔尖削成扁的，这样在填涂的时候，只要画一道就能涂满整个框了，以节约时间。橡皮应当配合 2B 铅笔使用“绘图橡皮”。计算器应当在考试前仔细阅读说明书，熟练掌握类似于 *X* 的 *Y* 次方、Exp 之类常用的功能，这会在考试中起到不小的作用，可大量节省时间。

三、考试时策略——先易后难，通览试卷，做到心中有数

本科考试共八道大题，选做六道，时间相当紧。在考场上，要“遇难心不慌，遇易心更细”，沉着冷静，从容应考；要以大局为重，不能因一道题不会做，影响整场考试。要果断地放弃自己没有思路的题，以节约时间做其他的试题。会做的题不能错，回答问题时要切中得分点。考试时要避免两种不良倾向：一是思想静不下来，心神不定，不知从哪个题目做起，耽误了时间；二是在某一题上花过多的时间，影响做其他题目。要做到会多少答多少，即使是没有把握也要敢于写，碰碰运气也无妨。

拿到考卷后，首先要浏览全部的试题，先选择自己熟悉的案例题目，认真读题，要有将文字转化为图示和将图示转化为文字的能力。在分析题目的基础上，将题目所涉及的各个知识点都联系起来，挖掘出若干个潜在条件和知识之间的内在联系，并针对考点运用相应的法律法规、导则标准和技术方法进行解答。答题时一定要把握住要点来回答，每道大题一般有 5～8 个小题，每个小题一般为 3～6 分，因此要点最多不会超过 10 个。回答时一定要择要点来回答，切忌将问题展开，切忌整段整段地回答，并将考试时间合理分配（每道题目 30 分钟左右），避免发生考试时间不够用的情况。从某个角度来讲，答完题目考试就成功了一半。

回答问题时紧扣题干内容力求精准，遣词造句力求专业。尤其在生态类案例考题答题时务必恰当使用专业术语。例如植被群落方面的术语：植被类型、种类、分布，植被覆盖率、频度、密度、优势度，物种重要值、物种量，生物量、生物多样性、群落异质性、生态系统完整性、稳定性；再如水土流失方面的术语：土壤侵蚀模数、面积等；还有农田使用方面的术语：基本农田情况、农田土地质量、土壤类型及肥力、农田土地生产力、土地利用方向、土壤理化性质等。

四、案例考试温馨提示

目前环境影响评价职业资格考试《环境影响评价案例分析》科目为计算机网络阅卷，要求考生必须在专门提供的答题卡上作答，因此答题前一定要认真阅读有关注意事项。在答题时应该注意以下几个方面：

（1）考生要特别注意试卷一拿到手就必须先检查试卷有无题目字迹不清晰、发错、掉页及漏页等情况发生，切忌一拿着试卷就做；考生遇分发错误及试题字迹不清等问题，可举手示意询问；涉及试题内容的疑问，则不得向监考员询问。

（2）客观题（选择题）必须使用 2B 铅笔在指定区域填涂，2B 铅笔最好是国家正规生产厂家生产的，因为质量不合格的铅笔会影响计算机阅读。

（3）主观题（文字回答题）必须使用 0.5 mm 的黑色钢笔或签字笔，不得使用铅笔、红笔、蓝色的钢笔或圆珠笔等其他笔书写。如遇到案例作图题可先用铅笔绘出，经确认后，再用 0.5 mm 黑色墨水签字笔描清楚。

（4）回答问题时一定要看清楚题目编号，并在指定区域内和相对应的题号下作答，切忌答错区域；切勿超出规定的黑色边框，超出答题区域书写的答案无效。

（5）考生应当书写工整、字迹清晰可辨，不要写得太细长，字距要适当，答题行距不宜过密，以便最后能得到清晰的扫描图像。

（6）答题卡必须保持清洁，不得折叠和污损。

（7）主观题目回答完后一定要在前面指定的地方涂黑。

（8）在试卷每一页的上方请务必填写考生的姓名、考号和工作单位。

（9）回答主观题答题的时候，如需要对答案进行修改，可用修改符号将该书写内容划去，千万不要在原地改得乱七八糟。然后紧挨着在其后或上下方写出新的答案，修改部分书写时与正文一样不能超过该题答题区域的矩形边框，否则修改的答案无效。修改答案时，禁止使用涂改液和修正胶带纸。

（10）切记不要将手机带到考场座位上，这有可能导致考生的分数为零分并以作弊论处。

最后，衷心地祝福每一位参加环评考试的考生都能考出自己满意的成绩！

目　录

一、轻工纺织化纤类

案例 1　新建年产 1.4×10^5 t 腈纶项目

【素材】

某拟建腈纶厂位于 A 市城区东南与建城区相距 5 km 的规划工业园区内，采用 DMAC（二甲基乙酰胺）湿纺二步法工艺生产 1.4×10^5 t/a 差别化腈纶。工程建设内容包括原液制备车间、纺丝车间、溶剂制备和回收车间、原料罐区、污水处理站、危险品库、成品库等。

原液制备车间生产工艺流程详见图 1。生产原料为丙烯腈、醋酸乙烯，助剂和催化剂有过亚硫酸氢钠、硫酸铵和硫酸，以溶剂制备和回收车间生产的 DMAC 溶液为溶剂（DMAC 溶液中含二甲胺和醋酸），经聚合、汽提、水洗过滤、混合溶解和压滤等工段制取成品原液。废水 W_1 送污水处理站处理，废气 G_1 经净化处理后由 15 m 高排气筒排放，压滤工段产生的含滤渣的废滤布送生活垃圾填埋场处理。

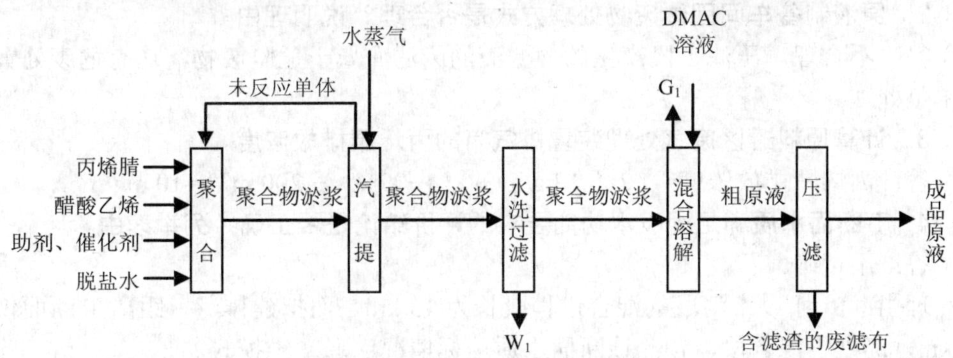

图 1　原液制备车间生产工艺流程

原料罐区占地 8 000 m^2，内设 2 个 5 000 m^3 丙烯腈储罐、2 个 600 m^3 醋酸乙烯储罐和 2 个 60 m^3 二甲胺储罐。单个丙烯腈储罐呼吸过程中排放丙烯腈 0.1 kg/h。拟将 2 个丙烯腈储罐排放的丙烯腈废气全部收集后用管道输送至废气处理装置处理，采用碱洗+吸附净化工艺，设计丙烯腈去除率为 99%，处理后的废气由 1 根 20 m 高排气筒排放，排风量 200 m^3/h。

污水处理站服务于本企业及近期入园企业，废水经处理达标后在R河左岸岸边排放。

R 河水环境功能为Ⅲ类，枯水期平均流量为 272 m^3/s，河流断面呈矩形，河宽260 m，水深 2.3 m。在拟设排放口上游 4 km、河道右岸有 A 市的城市污水处理厂排放口，下游 10 km 处为 A 市水质控制断面（T 断面）。经调查，R 河 A 市河段的混合过程段长 13 km。

环境影响评价机构选用一维模式进行水质预测评价，预测表明 T 断面主要污染物浓度低于标准限值。评价结论为项目建成后 T 断面水质满足地表水功能要求。

【问题】

1．分别指出图 1 中废水 W_1、废气 G_1 中的特征污染物。

2．原液制备车间固体废物处理方式是否合理？说明理由。

3．计算原料罐区废气处理装置排气筒的丙烯腈排放浓度。

4．T 断面水质满足地表水功能要求的评价结论是否正确？列举理由。

【参考答案】

1．分别指出图 1 中废水 W_1、废气 G_1 中的特征污染物。

答：W_1：丙烯腈（氰化物）、氨氮和 pH。

G_1：DMAC（二甲基乙酰胺）、二甲胺和醋酸。

2．原液制备车间固体废物处理方式是否合理？说明理由。

答：不合理。压滤工段产生的含滤渣的废滤布属于危险废物，送有危废处置资质单位处理。

3．计算原料罐区废气处理装置排气筒的丙烯腈排放浓度。

答：丙烯腈排放浓度=（2×0.1 kg/h）×（1−99%）÷200 m^3/h=10 mg/m^3。

4．T 断面水质满足地表水功能要求的评价结论是否正确？列举理由。

答：不正确。

理由：R 河 A 市河段的混合过程段长为 13 km，而拟建排污口距离 T 断面仅为10 km，尚处于混合段，预测该断面水质达标情况应选二维模式。

【考点分析】

本题为 2015 年环评案例分析考试真题。

1．分别指出图 1 中废水 W_1、废气 G_1 中的特征污染物。

《环境影响评价案例分析》考试大纲中“二、项目分析（1）分析建设项目施工期和运营期环境影响的因素和途径，识别产污环节、污染因子和污染物特性，核算物耗、水耗、能耗和主要污染物源强”

考点：轻工纺织化纤项目特征污染物。该类型项目涉及的很多化学品性质考生都很陌生，属于考试的难点。

（1）废水的添加物有丙烯腈、醋酸乙烯、过亚硫酸氢钠、硫酸铵和硫酸。

①丙烯腈，含氰基[—C≡N]，属于氰化物，且丙烯腈溶于水，故废水中需考虑丙烯腈；

②醋酸乙烯，微溶于水，故后期不考虑其存在；

③过亚硫酸氢钠：亚硫酸根，不纳入污染物；

④硫酸铵：硫酸根不纳入污染物，存在氨氮；

⑤硫酸：pH。

（2）废气

①DMAC（二甲基乙酰胺）：易挥发；

②二甲胺、醋酸：易挥发。

2．原液制备车间固体废物处理方式是否合理？说明理由。

《环境影响评价案例分析》考试大纲中“六、环境保护措施分析（1）分析污染控制措施的技术经济可行性”。

该项目产生的含滤渣废滤布，含有氰基及成品腈纶，具有毒性和易燃性，可判定为危险废物。

3．计算原料罐区废气处理装置排气筒的丙烯腈排放浓度。

《环境影响评价案例分析》考试大纲中“二、项目分析（3）评价污染物达标排放情况”。

本题为大气排放浓度的简单计算，注意捕集率、去除率、单位换算等。

4．T 断面水质满足地表水功能要求的评价结论是否正确？列举理由。

《环境影响评价案例分析》考试大纲中“四、环境影响识别、预测与评价（5）选择、运用预测模式与评价方法”。

本题考查的是地表水预测模型的适用条件。

举一反三：

地表水水质预测模式按照水质分布情况可划分为：零维、一维、二维和三维模式。常用模式的适用条件如下：

完全混合零维模式：河流充分混合段；持久性污染物；河流为恒定流动；废水连续稳定排放。

一维稳态模式：河流充分混合段；非持久性污染物；河流为恒定流动；废水连续稳定排放。

二维稳态混合模式：平直、断面形状规则的河流混合过程段；持久性污染物；河流为恒定流动；废水连续稳定排放；对于非持久性污染物，需采用相应的衰减模式。

案例 2 新建生猪屠宰项目

【素材】

B 企业拟在 A 市郊区原 A 市卷烟厂厂址处（现该厂已经关闭）新建屠宰量为 120 万头猪/a 的项目（仅屠宰，无肉类加工），该厂址紧临长江干流，A 市现有正在营运的日处理规模为 3 万 t 的城市污水处理厂，距离 B 企业 1.5 km。污水处理厂尾水最终排入长江干流（长江干流在 A 市段水体功能为Ⅱ类）。距 B 企业、沿长江下游 7 km 处为 A 市饮用水水源保护区。

工程建设后工程内容包括：新建 4 t/h 的锅炉房、6 000 m^2 待宰车间、5 000 m^2 分割车间、1 000 m^2 氨机房、4 000 m^2 冷藏库。配套工程有供电工程、供汽工程、给排水工程、制冷工程、废水收集工程及焚烧炉工程等。工程建成后所需的原材料有：生猪（生猪进厂前全部经过安全检疫）、液氨、包装纸箱、包装用塑料薄膜。项目废水经调节池后排入城市污水处理厂处理。牲畜粪尿经收集后外运到指定地方堆肥处置。

A 市常年主导风向为东北风，A 市地势较高，海拔为 789 m，属亚热带季风气候区，厂址以西 100 m 处有居民 260 人，东南方向 80 m 处有居民 120 人。

【问题】

请根据上述背景材料，回答以下问题：

1．应从哪些方面论证该项目废水送城市污水处理厂处理的可行性？

2．B 企业拟在长江干流处新建一个污水排放口，请问是否可行并说明理由。如果不可行，拟建项目的污水如何处理？

3．该项目竣工大气环境保护验收监测如何布点？

4．针对该工程的堆肥处置场应关注哪些主要的环保问题？

5．该建设项目的评价重点是什么？

【参考答案】

1．应从哪些方面论证该项目废水送城市污水处理厂处理的可行性？

答：该项目废水送城市污水处理厂处理的可行性主要从如下几方面进行论证：

（1）污水处理厂处理工艺、处理效率、剩余处理能力是否满足污水处理要求。

城市污水处理厂目前的处理工艺是否满足当前城市污水污染物的处理要求，处理效率是否满足达标排放的要求，最大处理能力是多少，目前接纳污水规模为多少，剩余污水处理能力是多少，项目污水排放量及排放方式是否会冲击市政污水处理厂的处理工艺，影响其处理效率。

（2）调查该污水处理厂的接管水质要求。污水处理厂是否对某些污染物有特别严格的限制要求；该项目污染物种类、污染物浓度等是否满足城市污水处理厂的接管要求。

（3）项目附近是否属于城市污水处理厂的收水范围。附近有无市政污水排水管网。

2．B 企业拟在长江干流处新建一个污水排放口，请问是否可行并说明理由。如果不可行，拟建项目的污水如何处理？

答：不可行。理由：长江属特大水体，为Ⅱ类水体功能。《污水综合排放标准》中规定："Ⅰ类、Ⅱ类水域和Ⅲ类水域中划定的保护区，禁止新建排污口。"对于 B 企业产生的生产废水和生活污水可自建厂区污水处理站进行预处理，尾水排入 3 万 t/d 城市污水处理站处理，最终达标后排入长江。排入设置二级污水处理厂的城镇排水系统的污水，执行《污水综合排放标准》（GB 8978—1996）三级标准。

3．该项目竣工大气环境保护验收监测如何布点？

答：该项目竣工大气环境保护验收监测布点如下：

（1）锅炉及焚烧炉废气。大气监测断面布设于废气处理设施（锅炉除尘器以及焚烧炉）各单元的进出口烟道、废气排放烟道。

（2）待宰车间及分割车间、污水处理站产生的恶臭。监控点在单位周界外 10 m 范围内浓度最高点。监控点最多可设 4 个，参照点设 1 个。

4．针对该工程的堆肥处置场应关注哪些主要的环保问题？

答：该工程的堆肥处置场应关注的主要环保问题包括：

（1）固体废物处理处置过程中产生的大气污染问题，尤其是猪粪尿容易产生的恶臭问题以及卫生防护距离内居民的搬迁问题；

（2）猪粪尿里病原生物的污染与传播对健康产生的威胁问题；

（3）冲洗及部分屠宰废水的污染及处置问题；

（4）堆肥处置过程中的渗滤液对土壤及地下水的污染问题；

（5）堆肥处置过程中容易产生的机器噪声污染问题；

（6）堆肥处置场对城市规划及景观的影响问题。

5．该建设项目的评价重点是什么？

答：对原 A 市卷烟厂遗留的大气、土壤、生态等环境问题做回顾性评价，大气环境影响预测与评价，地表水环境影响预测与评价（着重分析生产废水及生活污水对长江干流及 A 市饮用水水源保护区有无影响），固体废物影响分析评价，清洁生产分析，施工期生态环境影响（水土流失），环境污染防治措施及经济技术可行性分析，长江水环境承载力分析，拟选厂址合理性分析及评述，环境风险评价（液氨泄漏造成的环境风险），卫生防护距离内居民的搬迁与安置。

【考点分析】

1．应从哪些方面论证该项目废水送城市污水处理厂处理的可行性？

《环境影响评价案例分析》考试大纲中“六、环境保护措施分析（1）分析污染控制措施的技术经济可行性”。

本题是2011年案例分析考试的一个小题，从这个题可以看出现在案例考试侧重解决实际问题，希望考生从此题的出题点领悟到案例考试复习的诀窍。

举一反三：

该项目属于依托可行性的论证问题，一般情况下可以从三方面考虑：

（1）被依托对象的处理能力、处理工艺及其对收纳污染物的特殊要求；

（2）污染物排放的规模、浓度是否满足被依托对象的要求；

（3）项目与被依托对象之间是否存在距离、高差等客观情况的限制。

2．B企业拟在长江干流处新建一个污水排放口，请问是否可行并说明理由。如果不可行，拟建项目的污水如何处理？

《环境影响评价案例分析》考试大纲中“一、相关法律法规运用和政策、规划的符合性分析（1）建设项目环境影响评价中采用的相关法律法规的适用性分析；（2）建设项目与环境政策的符合性分析”。

本题考点为《污水综合排放标准》关于禁止新建排污口的规定。对于厂区污水处理问题，企业可自建污水处理站将废水进行预处理（执行三级标准）后送入A市污水处理厂，尾水经处理达标后排入长江。

举一反三：

《污水综合排放标准》规定：“GB 3838中Ⅰ、Ⅱ类水域和Ⅲ类水域中划定的保护区，GB 3097中一类海域，禁止新建排污口，现有排污口应按水体功能要求，实行污染物总量控制，以保证受纳水体水质符合规定用途的水质标准。”

3．该项目竣工大气环境保护验收监测如何布点？

本题考点主要是竣工环境保护验收监测布点原则及点位的布设。该项目大气环境监测包括有组织排放（锅炉除尘器以及焚烧炉）和无组织排放（氨和硫化氢）两个方面。

举一反三：

有组织排放的监测点位，布设于废气处理设施各处理单元的进出口烟道、废气排放烟道。大气监测点位按《固定污染源排气中颗粒物测定与气态污染物采样方法》（GB/T 16157—1996）要求布设。

无组织排放的监测点位：二氧化硫、氮氧化物、颗粒物和氟化物的监控点设在无组织排放源的下风向2～50 m的浓度最高点，相对应的参照点设在排放源上风向

2～50 m，其余污染物的监控点设在单位周界外 10 m 范围内浓度最高点。监控点最多可设 4 个，参照点只设 1 个。

4．针对该工程的堆肥处置场应关注哪些主要的环保问题？

《环境影响评价案例分析》考试大纲中“四、环境影响识别、预测与评价（1）识别环境影响因素与筛选评价因子”。

该项目的堆肥处置场属于项目的环保工程，但该工程同样产生废水、废气、噪声等相关污染物，考试作答时应结合书本知识灵活运用。

举一反三：

该项目的参考答案可参考垃圾填埋场的环境影响。但要注意屠宰废物堆肥处置的特殊性。

5．该建设项目的评价重点是什么？

通过判断建设项目环境影响的主要因素及产生的主要环境问题，确定该项目的评价重点。从该项目实际及周边环境出发，分析主要的环境影响和评价重点，以水、大气、固体废物等为基本因素，重点考虑环境承载力以及施工期和营运期两个阶段的影响，评价建设项目的厂址合理性，并要特别注意根据工程行业特点分析可能引起的环境风险。

案例 3 新建纺织印染项目

【素材】

某工业园区拟建生产能力 3.0×10^7 m/a 的纺织印染项目。生产过程包括织造、染色、印花、后续工序，其中染色工序含碱减量处理单元，年生产 300 天，每天 24 小时连续生产。按工程方案，项目新鲜水用量 1 600 t/d，染色工序重复用水量 165 t/d，冷却水重复用水量 240 t/d。此外，生产工艺废水处理后部分回用生产工序。项目主要生产工序产生的废水量、水质特点见表 1。现拟定两个废水处理、回用方案。方案 1 拟将各工序废水混合处理，其中部分进行深度处理后回用（恰好满足项目用水需求），其余排入园区污水处理厂。处理工艺流程见图 1。方案 2 拟对废水特性进行分质处理，部分废水深度处理后回用，难以回用的废水处理后排入园区污水处理厂。

纺织品定型生产过程中产生的废气经车间屋顶上 6 个呈矩形分布的排气口排放，距地面 8 m；项目所在地声环境属于 3 类功能区，南侧厂界声环境质量现状监测值昼间 60.0 dB（A），夜间 56.0 dB（A），经预测，项目对工厂南侧厂界的噪声贡献值为 54.1 dB（A）。

（注：《工业企业厂界环境噪声排放标准》3 类区标准为：昼间 65 dB（A），夜间 55 dB（A））

表 1 项目主要生产工序产生的废水量、水质及特点

废水类别 项目		废水量/ （t/d）	COD_{Cr}/ （mg/L）	色度（倍）	废水特点
织造废水		420	350	—	可生化性好
染色废水	退浆、精炼废水	650	3 100	100	浓度高，可生化性差
	碱减量废水	40	13 500	—	超高浓度，可生化性差
	染色废水	200	1 300	300	可生化性较差，色度高
	水洗废水	350	250	50	可生化性较好，色度低
印花废水		60	1 200	250	可生化性较差，色度高
—		1 720	—	—	—

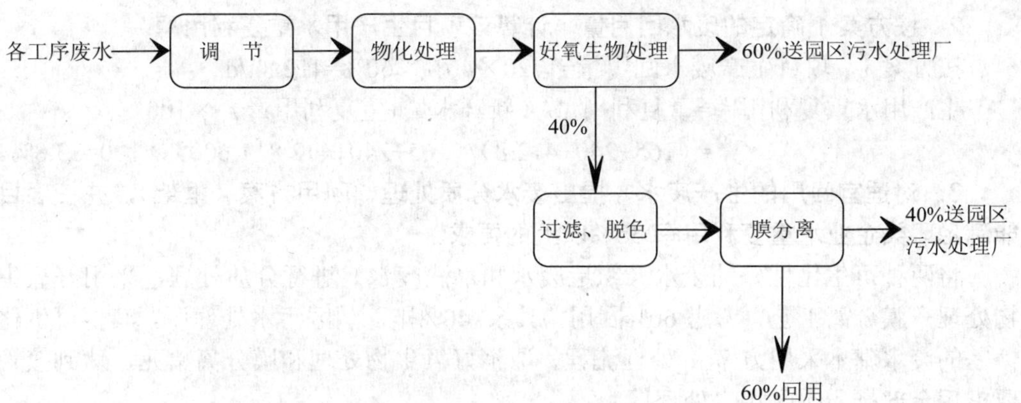

图 1 方案 1 处理工艺流程

【问题】

1．如果该项目排入园区污水处理厂废水的 COD_{Cr} 限值为 500 mg/L，方案 1 的 COD_{Cr} 去除率至少应达到多少？

2．按方案 1 确定的废水回用量，计算该项目生产用水重复利用率。

3．对适宜回用的生产废水，提出废水分质处理、回用方案（框架），并使项目能满足印染企业水重复利用率 35%以上的要求。

4．给出定型车间计算大气环境防护距离所需要的源参数。

5．按《工业企业厂界噪声排放标准》评价南侧厂界噪声达标情况，说明理由。

【参考答案】

1．如果该项目排入园区污水处理厂的废水 COD_{Cr} 限值为 500 mg/L，方案 1 的 COD_{Cr} 去除率至少应达到多少？

答：

（1）各工序废水混合浓度＝（420×350+650×3 100+40×13 500+200×1 300+350×250+60×1 200）÷（420+650+40+200+350+60）

＝3 121 500÷1720＝1 814.8（mg/L）；

（2）方案 1 的 COD_{Cr} 去除率至少要达到（1814.8－500）÷1 814.8×100%＝72.45%。

本题中未给出中水水质，如给出，外排废水（包括中水）混合质量浓度达到 500 mg/L 即可，此时，去除效率会低一些。

2．按方案 1 确定的废水回用量，计算该项目生产用水重复利用率。

按方案 1，项目生产废水回用量=1720×40%×60%=412.8 t/d

生产用水重复利用率=重复利用量/（新鲜水量+重复利用量）×100

=（165+240+412.8）/（165+240+412.8+1 600）×100=33.8%。

3．对适宜回用的生产废水，提出废水分质处理、回用方案（框架），并使项目能满足印染企业水重复利用率 35%以上的要求。

将两种可生化性好的废水（织造废水和水洗废水）进行分质处理，采用好氧生物处理－膜分离工艺，考虑 60%回用，其余 40%排入园区污水处理厂。其他可生化性差的废水基本采用方案 1 处理流程，取消好氧生物处理和膜分离单元，达到接管要求后全部排入园区污水处理厂。

按照上述分质处理的方式，废水回用量=（420+350）×60%=462（t/d），重复水利用量=462+165+240=867（t/d），水重复利用率=867÷（867+1 600）×100%=35.14%，满足 35%以上的要求。

4．给出定型车间计算大气环境防护距离所需要的源参数。

面源有效高度（m）、面源宽度（m）、面源长度（m）、污染物排放率（g/s）、污染物小时评价标准（mg/m^3）。

5．按《工业企业厂界噪声排放标准》评价南侧厂界噪声达标情况，说明理由。

该项目为新建企业，厂界噪声达标评价量为噪声贡献值，根据预测，项目对工厂南侧厂界噪声贡献值为 54.1 dB（A），小于 65 dB（A）的昼间标准，也小于 55 dB（A）的夜间标准值，因此，南侧厂界噪声昼间和夜间均达标。

【考点分析】

本题为 2011 年环评案例分析考试真题。

1．如果该项目排入园区污水处理厂废水的 COD_{Cr} 限值为 500 mg/L，方案 1 的 COD_{Cr} 去除率至少应达到多少？

《环境影响评价案例分析》考试大纲中“六、环境保护措施分析（1）分析污染控制措施的技术经济可行性”。

2．按方案 1 确定的废水回用量，计算该项目生产用水重复利用率。

《环境影响评价案例分析》考试大纲中“二、项目分析（1）分析建设项目施工期和运营期环境影响的因素和途径，识别产污环节、污染因子和污染物特性，核算物耗、水耗、能耗和主要污染物源强”。

此案例考点类似于本书“三、冶金机电类　案例 2　新建汽车制造项目”第 4 题。只有熟练掌握技术方法中常用指标的计算方可正确回答问题。

3．对适宜回用的生产废水，提出废水分质处理、回用方案（框架），并使项目能满足印染企业水重复利用率 35%以上的要求。

《环境影响评价案例分析》考试大纲中“六、环境保护措施分析（1）分析污染控制措施的技术经济可行性”和“二、项目分析（1）分析建设项目施工期和运营期环境影响的因素和途径，识别产污环节、污染因子和污染物特性，核算物耗、水耗、能耗和主要污染物源强”。

4．给出定型车间计算大气环境防护距离所需要的源参数。

《环境影响评价案例分析》考试大纲中“四、环境影响识别、预测与评价（5）选择、运用预测模式与评价方法”。

举一反三：

注册环评师考试中有关预测模式的考点基本上限于模式中主要参数的获取、不同模式如何选择等问题。本题的考点类似于“五、社会服务类　案例 3　3 万 t/d 污水处理厂项目”中的第 5 题。

5．按《工业企业厂界噪声排放标准》评价南侧厂界噪声达标情况，说明理由。

《环境影响评价案例分析》考试大纲中“六、环境保护措施分析（1）分析污染控制措施的技术经济可行性”。

此案例考点：根据《环境影响评价技术导则　声环境》，新建项目厂界噪声达标评价量为噪声贡献值。

案例4 新建年产2.5万张牛皮革项目

【素材】

A皮革公司在B市某工业园有一个年加工皮革2.5万张（折牛皮标张）的制革生产装置。几年后在C市新建一个制革厂，生产规模为年加工皮革11.5万张（折牛皮标张）。拟建项目占地面积551 300 m^2，总投资为7 800万元。主体工程包括鞣制车间、整饰车间、冲洗车间；配套建设的有职工宿舍、厂区污水处理站。A皮革公司拟将污水经处理后农灌。

制革生产一般包括准备工段、鞣制工段和整饰工段，其工艺流程如下：

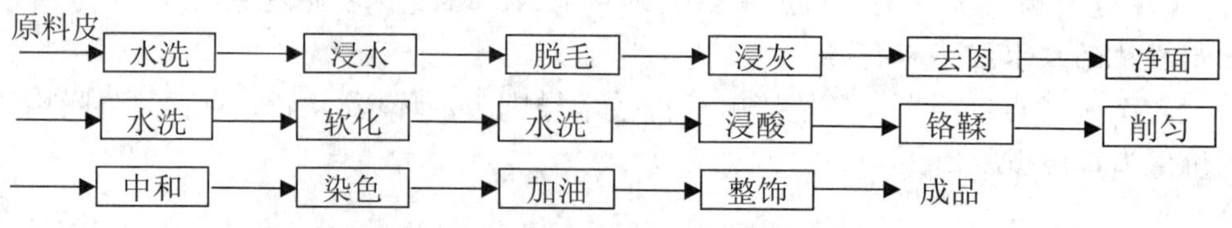

工艺介绍：

准备工段。指原料皮从浸水到浸酸之前的工序操作，其作用在于除去制革加工不需要的各种物质，使原料恢复到鲜皮状态，除去表皮层、皮下组织层、毛鞘、纤维间质等物质，适度松散真皮层胶原纤维，使裸皮处于适合鞣制状态。

鞣制工段。包括鞣制和鞣后湿处理两部分。铬鞣工艺一般指鞣制到加油之前的工序操作，它是将裸皮变成革的过程，铬初鞣后的湿铬鞣革称为湿革，需进行湿处理以增强革的粒面紧实性，提高柔软性、丰满性和弹性，并染色赋予革特殊性能。

整饰工段。包括皮革的整理和涂饰，属于皮革的干操作工段，指在皮革表面施涂一层天然或合成高分子薄膜的过程，常辅以磨、抛、压、摔等机械加工，以提高革的质量。

【问题】

请根据上述背景材料，回答以下问题：

1．该项目的主要污染因子是什么？

2．如何对该项目进行水环境保护验收监测点位布设？

3．该项目环评报告书应设置哪些评价专题？

【参考答案】

1．该项目的主要污染因子是什么？

答：制革废水的污染因子为 COD、BOD_5、SS、S^{2-}、Cl^-、氨氮、Cr^{6+}、总铬、酚、pH、色度、动植物油类；

大气污染因子主要有：TSP、PM_{10}、SO_2、NO_x 以及 NH_3、H_2S 等生产工艺过程排放的恶臭污染物等；

固体废物：废毛、肉膜、碎皮、边角料、革屑、污水处理站污泥；

噪声：设备噪声。

2．如何对该项目进行水环境保护验收监测点位布设？

答：在污水处理站总排口布点监测 COD、BOD_5、SS、S^{2-}、Cl^-、氨氮、pH、色度、动植物油类；在车间或车间处理设施的排放口进行布点，监测总铬和六价铬项目。

3．该项目环评报告书应设置哪些评价专题？

答：该项目环评报告书应设置的评价专题包括：拟建项目工程概况、工程分析、区域环境现状调查与评价、大气环境影响评价、地表水环境影响评价、地下水环境影响评价、声环境影响评价、固体废物环境影响评价、污水进行农田灌溉的可行性分析、环境污染防治措施及可行性分析、项目产业政策符合性分析、清洁生产、总量控制、环境经济损益分析、公众参与、环境管理与监测计划。

【考点分析】

1．该项目的主要污染因子是什么？

《环境影响评价案例分析》考试大纲中“四、环境影响识别、预测与评价（1）识别环境影响因素与筛选评价因子”。

制革废气除了锅炉烟气外，还包括生产中使用的有机溶剂的挥发物和原料皮存贮过程、生产过程及污水处理站产生的恶臭污染物。

废水主要来源：原料皮在物理-化学加工和机械加工过程中，大量的蛋白质、脂肪转入废水、废渣中；使用的大量化工原料如酸、碱、盐、硫化钠、石灰、铬鞣剂、加脂剂、染料有相当部分进入废水中。制革中废水主要来自准备、鞣制和湿加工工段，其中鞣前准备工段的废水排放量和排放的污染负荷占制革总废水量的 70%以上，鞣制工段和鞣后湿加工工段的废水排放量占 8%和 20%左右。制革废水碱性大，色度重，含蛋白质、脂肪、染料等有机物，含铬、硫化物、氯化物等无机物，属有毒有害废水。其中脱铬工序传统工艺废液中铬含量在 2～4 g/L，灰碱脱毛废液中硫化物含量可达 2～6 g/L，这两股浓废液是废水防治的重点。

2．如何对该项目进行水环境保护验收监测点位布设？

本题主要考查污水排放口监测位置。

对第一类污染物，不分行业和污水排放方式，也不分受纳水体的功能类别，一律在车间或车间处理设施排放口采样。

第一类污染物有总汞、总镍、总铍、总铬、总砷、总铅、总银、六价铬、总镉、烷基汞、苯并[*a*]芘、总α放射性、总β放射性，共13类。

举一反三：

《地表水和污水监测技术规范》规定：

第一类污染物采样点位一律设在车间或车间处理设施的排放口或专门处理此类污染物设施的排口；第二类污染物采样点位一律设在排污单位的外排口；进入集中式污水处理厂和进入城市污水管网的污水采样点位应根据地方环境保护行政主管部门的要求确定；监测整体污水处理设施效率时，在各种进入污水处理设施污水的入口和污水设施的总排口设置采样点；监测各污水处理单元效率时，在各种进入处理设施单元污水的入口和设施单元的排口设置采样点。

3．该项目环评报告书应设置哪些评价专题？

《环境影响评价案例分析》考试大纲中“四、环境影响识别、预测与评价（4）确定环境要素评价专题的主要内容”。

本题考点为环评报告中评价专题设置问题，即把握环评项目全局性和整体性方向。根据《环境影响评价技术导则　总纲》中的规定，一般的环境影响评价专题包括：工程分析、现状评价、影响评价、环保措施、总量控制、清洁生产、环境经济损益分析、环境监测与管理、公众参与等。如果是新建项目，则必须增加对厂址选择的环境合理性分析。

注意：对于利用污水进行农业灌溉的项目，一定要对污水灌溉进行环境及技术可行性分析，特别是对农作物和土壤影响进行分析。

二、化工石化及医药类

案例 1　化工园区丙烯酸项目

【素材】

某公司拟在化工园区新建丙烯酸生产项目，建设内容包括丙烯酸生产线、灌装生产线等主体工程；丙稀罐（压力罐）、丙烯酸成品罐、原料和桶装产品仓库等储运工程；水、电、汽、循环水等公用工程，以及废气催化氧化装置、废液焚烧炉、污水处理站（敞开式）、事故火炬、固废暂存点、消防废水收集池等环保设施。

丙烯酸生产工艺见图 1，主要原料为丙烯和空气，产品为丙烯酸，反应副产物主要为醋酸、甲醛和丙烷。丙烯酸生产装置密闭，物料管道输送。

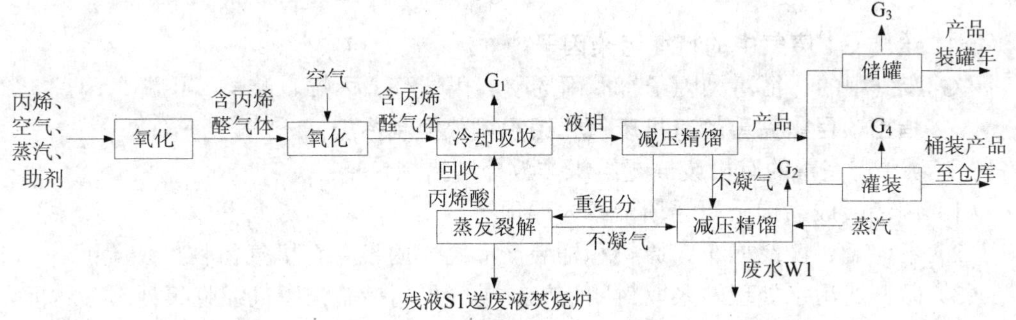

图 1　丙烯酸生产工艺流程

G1、G2 和 G3 废气以及物料中间储罐的废气均送废气催化氧化装置处理后经 35 m 高排气筒排放；灌装生产线设置有集气罩，收集的 G4 废气经 10 m 高排气筒排放。

W1 废水（COD＜500 mg/L）、地坪冲洗水、公用工程排水、生活污水以及间断产生的设备冲洗水（COD 约 20 000 mg/L，含丙烯酸、醋酸等，B/C＞0.4，暂存至废水池内，按一定比例掺入）送污水处理站，经生化处理后送化工园区污水处理厂。

项目涉及的丙烯酸和丙烯醛有刺激性气味。废水、废气中丙烯酸、甲醛和丙烯醛为《石油化学工业污染物排放标准》中的有机特征污染物。

拟建厂址位于化工园区的西北部，当地冬季 NW、WNW、NNW 风频合计大于

30%。经调查，化工园区外评价范围内有7个环境空气敏感点（表1）。

环评机构判定项目环境空气评价工作等级为二级，已在厂址下风向布设了2个环境空气监测点，拟从表1中再选择4个敏感点进行冬季环境空气质量现状监测。

表1　化工业园区外评价范围内环境空气敏感点分布

敏感点编号	1#	2#	3#	4#	5#	6#	7#
相对厂址方位	NW	W	SW	W	W	N	NE
距厂址最近距离/km	2.0	1.3	2.5	2.2	2.5	2.5	2.3

【问题】

1. 给出G1废气中的特征污染因子。
2. 指出项目需完善的有机废气无组织排放控制措施。
3. 项目废水处理方案是否可行？说明理由。
4. 从表1中选取4个冬季环境空气质量监测点位。

【参考答案】

1. 给出G1废气中的特征污染因子。

G_1废气中的特征污染因子有：丙烯酸、丙烯醛、丙烯、醋酸、甲醛、丙烷。

2. 指出项目需完善的有机废气无组织排放控制措施。

该项目需完善的有机废气无组织排放控制措施包括：

（1）丙烯酸成品罐采用浮顶罐或内浮顶罐；

（2）各储罐、产品槽车、原料和桶装产品仓库内设置有机气体收集装置；

（3）敞开式污水处理站采取封闭措施、臭气隔离措施，废气经收集处理，达标后排放；

（4）灌装生产线密闭，加高废气G4排气筒高度（不得低于15 m），废气经收集处理，达标后排放。

3. 项目废水处理方案是否可行？说明理由。

（1）项目废水处理方案不可行。

（2）理由：①间断产生的设备冲洗水COD约20 000 mg/L，且含有丙烯酸、醋酸，呈酸性，应单独处理；②若将间接产生的设备冲洗水掺入废水后送污水处理站处理，会影响处理效率和运行稳定，且不符合分质、分类处理的原则。

4. 从表1中选取4个冬季环境空气质量监测点位。

（1）应选取1#、2#、3#、7#四个监测点位。

（2）分析：由当地 NW、WNW、NNW 冬季风频之和大于 30%，可知该地区的主导风向为西北风。根据大气环境二级评价布点原则，二级评价项目以监测期间所处季节的主导风向为轴向，取上风向为 0°，至少在约 0°、90°、180°、270° 方向上各设置 1 个监测点，主导风向下风向应加密布点。所以在 1#、3#、7#点设监测点。6#在 N 方向，距厂址最近距离为 2.5 km，2#、4#、5#都在 W 方向，距厂址最近距离分别为 1.3 km、2.2 km、2.5 km，2#、4#、5#、6#均为属于近上风向，2#点距离项目最近，受项目影响程度相对较大，因此，可在 2#点设置第四个环境质量监测点。

【考点分析】

此题由 2016 年环评案例考试真题改编而成，需要考生认真体会，综合把握。

1. 给出 G1 废气中的特征污染因子。

《环境影响评价案例分析》考试大纲中“四、环境影响识别、预测与评价（1）识别环境影响因素与筛选评价因子”。

特征污染因子识别属于历年高频考点。该项目大气特征污染因子题干信息已给出，在冷却吸收阶段，反应基本完成，反应器内既有原料（丙烯），又有最终产品（丙烯酸）、中间产品（丙烯醛）和副产品（醋酸、甲醛和丙烷）。

2. 指出项目需完善的有机废气无组织排放控制措施。

《环境影响评价案例分析》考试大纲中“六、环境保护措施分析（1）分析污染控制措施的技术经济可行性”。

该项目存在有机物与外环境开口的位置均可能产生有机废气无组织污染包括：成品装罐、污水处理等。另外，低于 15 m 高排气筒废气排放视为无组织排放。

3. 项目废水处理方案是否可行？说明理由。

《环境影响评价案例分析》考试大纲中“二、项目分析（4）分析废物处理处置合理性”和“六、环境保护措施分析（1）分析污染控制措施的技术经济可行性”。

举一反三

废水中 BOD_5/COD 的比值是判断废水是否适合采用好氧气生化处理的一重要依据。一般 BOD_5/COD≥0.3 的废水宜采用好氧生化处理，高浓度、难生物降解有机废水和污泥等的处理宜从选用厌氧生化处理，该考点为高频考点。

4. 从表 1 中选取 4 个冬季环境空气质量监测点位。

《环境影响评价案例分析》考试大纲中“三、环境现状调查与评价（2）制定环境现状调查与监测方案”。

本题主要考查环评人员对《环境影响评价技术导则　大气环境》（HJ 2.2—2008）的掌握和应用情况。

举一反三

大气环境影响评价二级评价项目的空气环境质量现状监测点位布置，已经在

2016年、2017年连续两年案例考试中出现，这类题型主要注意《环境影响评价技术导则 大气环境》中对不同等级评价项目空气环境质量现状监测布点要求和原则，题干中给出主导风向和附近居民点的布置及其相对位置关系，从中选择有利于开展现状监测的点进行布置。2017年给出空气敏感点分布以一段话的形式出现，而本题以列表形式给出，此类题型建议大家在草稿纸中画出各敏感点的方位图，以便快速准确的做出判断或选出较为合适的监测点。

案例 2　化工园区农药厂项目

【素材】

某农药厂位于化工园区内，现有 A、B 两个农药产品生产车间，主要环保工程有危险废物焚烧炉和污水处理站。危险废物焚烧炉处理能力 24 t/d，焚烧尾气经净化处理后排放；污水处理站设计处理能力为 200 m^3/d，设计进水水质 COD、NH_3-N 和全盐量分别为 3 000 mg/L、300 mg/L 和 5 000 mg/L。现状实际处理废水为 150 m^3/d，COD、NH_3-N 和全盐量实际进水浓度分别为 2 600 mg/L、190 mg/L 和 4 600 mg/L。废水经处理达到接管标准后由专用管道送至园区污水处理厂，供水、供电、供汽依托园区基础设施。

拟在现有厂区新建农药啶虫脒生产项目，建设内容包括：新建胺化缩合车间、干燥车间，扩建化学品罐区。生产工艺流程见图 1。主要原料有 2-氯-5-氯甲基吡啶、一甲胺和氰基乙酯，主要溶剂有三氯甲烷、乙醇。

拟在现有化学品罐区内增设化学品储罐，包括 2×80 m^3 乙醇常压储罐、10 m^3 一甲胺压力储罐和 2×30 m^3 三氯甲烷常压储罐，贮存量分别为 100 t、4 t 和 50 t。

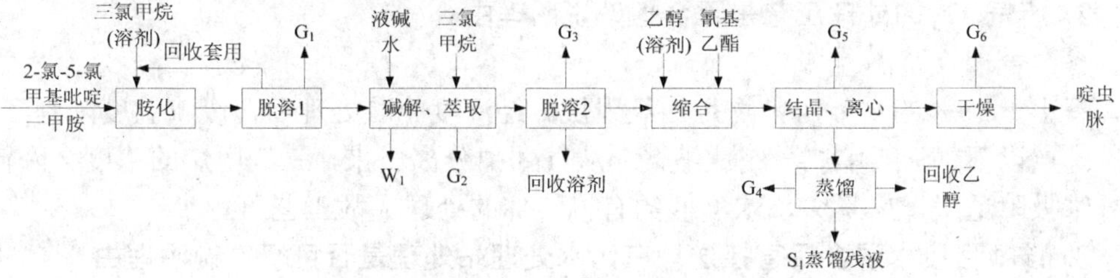

图 1　拟建项目生产工艺流程与产污节点

项目废水产生情况见表 1，拟混合后送现有污水处理站处理。配置 3 套工艺废气处理设施，其中，废气 G_1、G_2 和 G_3 经深度冷凝+碳纤维吸附处理装置处理后排放。S_1 蒸馏残液及废气处理产生的废碳纤维送废液废渣危险废物焚烧炉焚烧处理。

表 1 拟建项目废水产生情况

代号	名称	排放量/（m^3/d）	主要污染物浓度/（mg/L）			排放方式
			全盐量	COD	NH_3-N	
W_1	工艺废水	8	125 000	4 500	500	间歇
W_2	设备地面冲洗、循环水排污水等	10	1 600	240	50	间歇
W_3	生活污水	2	500	300	30	间歇

【问题】

1. 分别指出图 1 中废气 G_1 和废气 G_6 中的特征污染物。

2. 废气 G_3 的处理工艺是否合理？说明理由。

3. 该项目废水混合后直接送现有污水处理站处理是否可行？说明理由。

4. 为分析该项目固体废物送焚烧炉焚烧的可行性，应调查哪些信息？

5. S1 蒸馏残液及废气处理产生的废碳纤维焚烧处理产生的废气排放应执行的标准。

【参考答案】

1. 分别指出图 1 中废气 G_1 和废气 G_6 中的特征污染物。

答：G_1：三氯甲烷、一甲胺；

G_6：乙醇。

2. 废气 G_3 的处理工艺是否合理？说明理由。

答：合理。

理由是：G_3 的主要污染物是三氯甲烷。经深度冷凝处理后，废气温度降到三氯甲烷沸点以下，三氯甲烷凝结成液滴，从气体中分离出来，三氯甲烷的浓度会降低，碳纤维吸附适用于风量大、浓度低的有机气体的处理。故工艺可行。

3. 该项目废水混合后直接送现有污水处理站处理是否可行？说明理由。

答：不可行。

理由是：（1）经计算，该项目 W_1、W_2、W_3 三股废水直接混合后，全盐量、COD、NH_3-N 浓度分别为：50 850 mg/L、1 950 mg/L 和 228 mg/L。其中全盐量 50 850 mg/L 超过了污水处理站进水的设计浓度 5 000 mg/L，因此不能直接进入污水处理站处理。

（2）项目三股废水浓度差异大，直接混合不符合废水“分质分类”处理的要求。

4. 为分析该项目固体废物送焚烧炉焚烧的可行性，应调查哪些信息？

答：（1）对该项目产生的固体废物进行性质鉴定，判断是否适合进行焚烧处理；

（2）该项目固体废物产生量及现有焚烧炉是否有足够的剩余容量；

（3）该项目固体废物运送至焚烧炉的途径是否安全可靠、经济合理；

（4）焚烧炉的相关性能指标、尾气净化排放指标是否满足环保要求。

5. S1 蒸馏残液及废气处理产生的废碳纤维焚烧处理产生的废气排放应执行的标准。

答：S1 蒸馏残液及废气处理产生的废碳纤维属于危险废物，应执行《危险废物焚烧污染控制标准》。

【考点分析】

本题为 2015 年环评案例分析考试真题，结合 2017 年真题增加了第 5 小问。

1. 分别指出图 1 中废气 G_1 和废气 G_6 中的特征污染物。

《环境影响评价案例分析》考试大纲中“二、项目分析（1）分析建设项目施工期和运营期环境影响的因素和途径，识别产污环节、污染因子和污染物特性，核算物耗、水耗、能耗和主要污染物源强”。

石化医药行业特征污染物的识别，应关注添加物及其性质，属于考点中的难点。

一甲胺：常温常压下为无色气体；

三氯甲烷：无色透明重质液体，极易挥发，有特殊气味，味甜。

采用 2-氯-5-氯甲基吡啶、一甲胺和氰基乙酯合成啶虫脒的反应方程式如下：

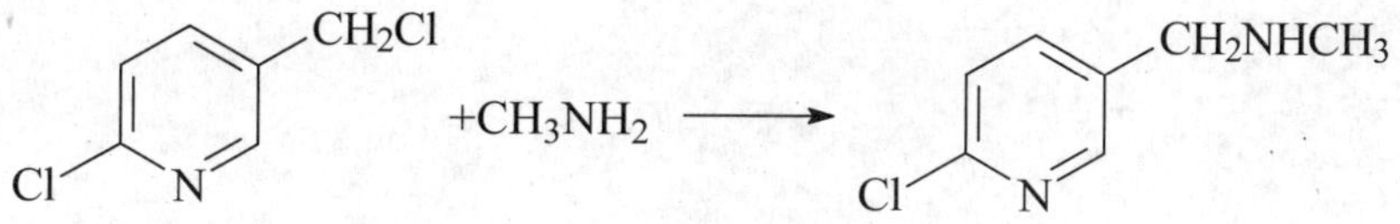

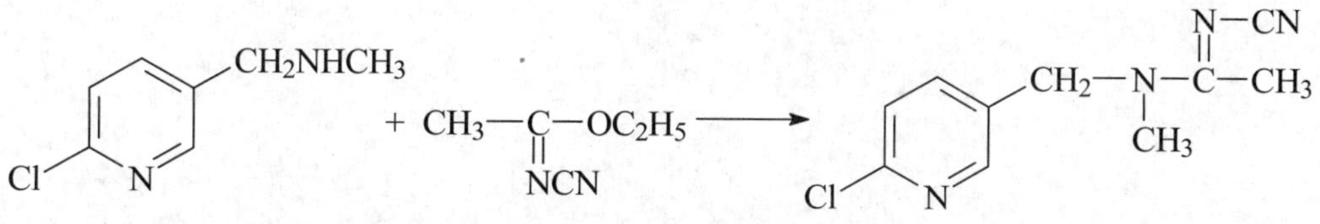

（2-氯-5-氯甲基吡啶：Cl、N、CH_2Cl）$+CH_3NH_2$ ⟶ （Cl、N、CH_2NHCH_3）

（Cl、N、CH_2NHCH_3）$+ CH_3-\underset{\underset{NCN}{\|}}{C}-OC_2H_5$ ⟶ （Cl、N、$CH_2-\underset{\underset{CH_3}{|}}{N}-\overset{\overset{N-CN}{\|}}{C}-CH_3$）

2. 废气 G_3 的处理工艺是否合理？说明理由。

《环境影响评价案例分析》考试大纲中“六、环境保护措施分析（1）分析污染控制措施的技术经济可行性”。

碳纤维吸附气态污染物的特点：适用于低浓度有毒有害气体净化。吸附工艺分为变温吸附和变压吸附。低温能够有效降低有机气体的浓度。

3. 该项目废水混合后直接送现有污水处理站处理是否可行？说明理由。

《环境影响评价案例分析》考试大纲中“六、环境保护措施分析（1）分析污染控制措施的技术经济可行性”。

涉及考点：废水纳入园区污水处理厂需满足其进水水质要求；废水“分质分类”

处理的原则。

4. 为分析该项目固体废物送焚烧炉焚烧的可行性，应调查哪些信息？

《环境影响评价案例分析》考试大纲中“六、环境保护措施分析（1）分析污染控制措施的技术经济可行性”。

此题类似于“项目废水纳入园区污水处理厂处理可行性分析”。需关注：污水处理厂进水水质要求、剩余容量、输送管线、污水处理厂排水水质是否达标。

5. S1 蒸馏残液及废气处理产生的废碳纤维焚烧处理产生的废气排放应执行的标准。

《环境影响评价案例分析》考试大纲中“四、环境影响识别、预测与评价（2）选用评价标准”。

化工石化及医药类涉及到危险废物焚烧处理的项目，须注意焚烧处理尾气排放的执行标准，大家须谨慎对待，本题考查了危险废物焚烧处理废气排放执行标准的问题。危险废物处置和管理是近几年国家环境保护中比较重要的方面，要求也比较高，建议考生在复习过程中认真准备。

案例 3　化学原料药改扩建项目

【素材】

某原料药生产企业拟实施改扩建项目，新建 3 个原料药产品生产车间和相应的原辅料储存设施。其中，A 产品生产工艺流程见图 1，A 产品原辅料包装、储存方式及每批次原辅料投料量见表 1，原辅料均属危险化学品。A 产品每批次缩合反应生成乙醇 270 kg，蒸馏回收 97%乙醇溶液 1 010 kg。

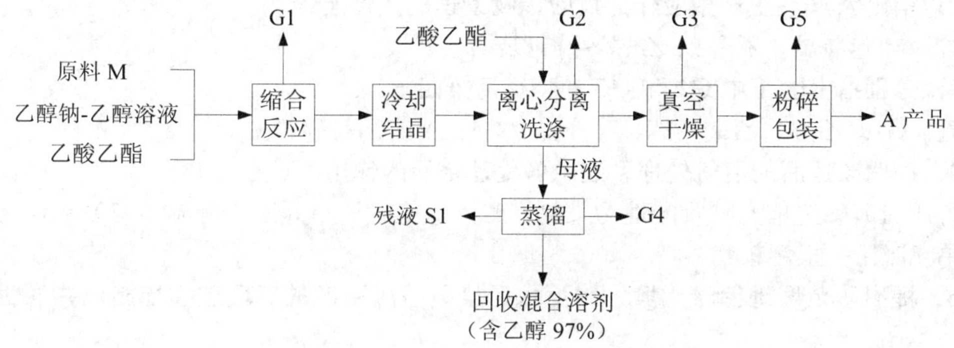

图 1　A 产品生产工艺流程

表 1　A 产品原辅料包装、储存方式及每批次原辅料投料量

物料	规格	投料量/（kg/批）	包装方式	储存位置
原料 M	100%	430	固体，袋装	危险化学品库
无水乙醇	100%	100	液体，储罐	储罐区
乙醇钠-乙醇溶液	20%（乙醇钠含量）	1 000	液体，桶装	危险化学品库
乙酸乙酯	100%	300	液体，储罐	储罐区

改扩建项目拟采用埋地卧式储罐储存乙醇、乙酸乙酯等主要溶剂，储罐放置于防腐、防渗处理后的罐池内，并用沙土覆盖。储罐设有液位观测报警装置。

该企业现有 1 套全厂废气处理系统，采用水洗工艺处理含乙醇、丙酮、醋酸、乙酸乙酯、甲苯、二甲苯等污染物的有机废气。改扩建项目拟将该废气处理系统进行改造，改造后的处理工艺为“碱洗+除雾除湿+活性炭吸附”。

【问题】

1．计算 1 个批次 A 产品生产过程中的乙醇损耗量。

2．指出 A 产品生产中应作为危险废物管理的固体废物。

3．分别指出图 1 中 G1 和 G5 的特征污染因子。

4．说明改造后的废气处理系统中各处理单元的作用。

5．提出防范埋地储罐土壤、地下水污染风险应采取的环境监控措施，并说明理由。

【参考答案】

1．计算 1 个批次 A 产品生产过程中的乙醇损耗量。

答：乙醇损耗量：1 000×80%+100+270−1 010×97%=190.3 kg/批。

2．指出 A 产品生产中应作为危险废物管理的固体废物。

答：M 包装袋，乙醇钠-乙醇溶液包装桶，残液 S1。

3．分别指出图 1 中 G1 和 G5 的特征污染因子。

答：G1：乙醇、乙酸乙酯、A 产品。G5：A 产品粉碎粉尘。

4．说明改造后的废气处理系统中各处理单元的作用。

答：（1）碱洗单元吸收酸性污染物；（2）除雾除湿单元除雾降湿；（3）活性炭吸附单元吸附有机污染物。

5．提出防范埋地储罐土壤、地下水污染风险应采取的环境监控措施，并说明理由。

答：在储罐内安装温度、液位、压力自动报警监控装置，防范因储罐破损泄漏而对土壤和地下水造成污染。储灌区设土壤监测点，储灌区地下水流向下游设地下水监测井。

安装监控装置，设置土壤监测点和地下水跟踪监测井，能及时发现储罐泄漏，以便采取措施，避免污染。

【考点分析】

本案例是根据 2014 年案例分析考试试题改编而成的，需要考生认真体会，综合把握。

1．计算 1 个批次 A 产品生产过程中的乙醇损耗量。

《环境影响评价案例分析》考试大纲中“二、项目分析（1）分析建设项目施工期和运营期环境影响的因素和途径，识别产污环节、污染因子和污染物特性，核算物耗、水耗、能耗和主要污染物源强”。

该题考查的是物料衡算问题，A 产品生产过程中乙醇损耗量=投入量+生成量-

回收量。

2．指出 A 产品生产中应作为危险废物管理的固体废物。

《环境影响评价案例分析》考试大纲中“二、项目分析（1）分析建设项目施工期和运营期环境影响的因素和途径，识别产污环节、污染因子和污染物特性，核算物耗、水耗、能耗和主要污染物源强；（4）分析废物处理处置合理性”。

项目固体废物性质识别是重要的考点，应该从废物产生的原料、途径等角度分析。本题 A 产品生产使用的原料均为危险化学品，故原料废包装袋、废包装桶、反应残液均为危险废物。本题与本书“六、采掘类 案例4 油田开发项目”第3题类似。

举一反三

根据《国家危险废物名录》，（1）具有腐蚀性、毒性、易燃性、反应性或者感染性等一种或者几种危险特性的；（2）不排除具有危险特性，可能对环境或者人体健康造成有害影响，需要按照危险废物进行管理的固体或液体废物列入“名录”。

3．分别指出图 1 中 G1 和 G5 的特征污染因子。

《环境影响评价案例分析》考试大纲中“二、项目分析（1）分析建设项目施工期和运营期环境影响的因素和途径，识别产污环节、污染因子和污染物特性，核算物耗、水耗、能耗和主要污染物源强”。

本题考点是考查考生对一个行业环境影响识别的能力。考试在遇到此类问题时，要结合行业特点，参考工艺流程图及主要原辅材料分析其特征污染物。

缩合反应的原料含乙醇、乙酸乙酯等挥发性有机物，因此可判断 G1 中含乙醇、乙酸乙酯。缩合反应已经产生了 A 产品，且 A 产品能溶于乙醇有机溶剂，G1 中应该含有 A 产品成分。

A 产品经真空干燥后，绝大多数乙酸乙酯被除去，破碎包装阶段主要为 A 产品破碎粉尘。

4．说明改造后的废气处理系统中各处理单元的作用。

《环境影响评价案例分析》考试大纲中“六、环境保护措施分析（1）分析污染控制措施的技术经济可行性”。

环保措施一直是近几年案例分析考试的出题方向，请考生认真总结废气、废水、噪声、固体废物的污染防治措施。

举一反三：

气态污染物控制措施一般有：吸收净化、吸附净化、气体燃烧净化、气体催化净化、冷凝回收等。

5．提出防范埋地储罐土壤、地下水污染风险应采取的环境监控措施，并说明理由。

《环境影响评价案例分析》考试大纲中“五、环境风险评价（2）提出减缓和消除事故环境影响的措施”。

案例4　L-缬氨酸生产项目

【素材】

某拟建年产2 000 t L-缬氨酸项目，建设内容包括发酵车间、提取车间、公用工程、辅助设施和环保工程。

发酵车间设3个容积100 m^3的发酵罐，以赤砂糖、玉米浆粉为主要原料（培养基），经高温蒸汽灭菌、接种、发酵，产出发酵液。发酵过程中连续补充无菌空气、液氨（无机氮源），发酵产生的异味气体（主要是有机酸、醇等）导入发酵异味气体处理系统。发酵液通过管道输送到提取车间进行分离提取，清空的发酵罐采用自来水清洗、蒸汽灭菌。

提取车间生产工艺流程见图1。浓缩结晶工段的水蒸气含少量有机酸、醇，经冷凝后用于配制培养基。

辅助设施包括1台5 t/h天然气锅炉和原辅材料储罐区。其中，储罐区设有2个10 m^3的液氨储罐（单个储量6 t），间距为5 m。环保工程包括1座规模为600 m^3/d的高浓度有机废水处理站和1套发酵异味气体处理系统。

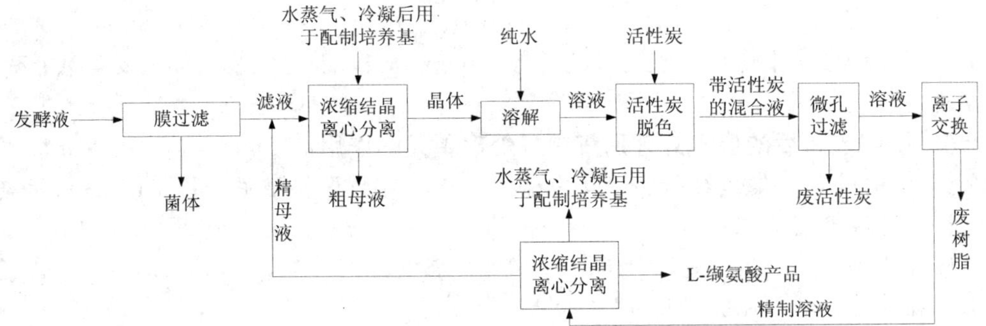

图1　提取车间生产工艺流程

拟建厂址位于工业园区的西南部，紧邻园区边界。经现场踏勘确认，厂界东南侧500 m有D村、南侧2 600 m有E村，西侧200 m有F村，西偏南1 500 m有G村。该项目大气环境影响评价等级为三级，拟布设3个环境空气质量现状监测点。监测期间主导风向为东北风。

（注：《危险化学品重大危险源辨识》（GB 18218—2009）规定的液氨临界量为10 t。）

【问题】

1．指出图 1 中菌体、粗母液和废树脂的处置利用方式。

2．识别该项目的重大危险源，并说明理由。

3．发酵异味气体采用水洗法处理是否可行？说明理由。

4．提出环境空气质量现状监测布点方案，说明理由。

【参考答案】

1．指出图 1 中菌体、粗母液和废树脂的处置利用方式。

答：菌体、粗母液综合利用，废树脂送有资质单位处置。

2．识别该项目的重大危险源，并说明理由。

答：（1）重大危险源为液氨储罐。

（2）理由：液氨储罐存储液氨 12 t 超过临界量 10 t。

3．发酵异味气体采用水洗法处理是否可行？说明理由。

答：（1）不可行。

（2）理由：产生大量污水，增加废物产生量，可用冷凝法回收或活性炭吸附法。

4．提出环境空气质量现状监测布点方案，说明理由。

答：（1）监测布点方案：以主导风向东北方向为轴向，取上风向东北方向为 0°布置一个点，180°下风向西偏南方向 G 村布置一个点，F 村布置一个点。

（2）理由：大气环境影响三级评价，评价范围一般为 2.5 km，监测点布设以监测期主导风向为轴向，上风向布置一个点，下风向至少布置一个点，可结合敏感目标方位作适当调整，题干要求布设三个点。G 村在轴向的下风向 1 500 m，且在评价范围之内，所以需要布置测点；F 村位于厂界西侧 200 m，评价范围内，偏下风向，也可以布置测点；D 村位于厂界东南侧 500 m，属于侧风向，可以不设监测点；E 点位于厂界南侧 2 600 m，属于偏下风向，但不在评价范围之内，可以不设监测点。

【考点分析】

本案例是根据 2014 年案例分析考试试题改编而成的。这道题目所涉及的考点很多，需要考生综合把握。

1．指出图 1 中菌体、粗母液和废树脂的处置利用方式。

《环境影响评价案例分析》考试大纲中“二、项目分析（1）分析建设项目施工期和运营期环境影响的因素和途径，识别产污环节、污染因子和污染物特性，核算物耗、水耗、能耗和主要污染物源强”。

本题中菌体、粗母液中含有活性发酵菌，可回用于发酵生产。废树脂属于危险废物，送有资质单位处置。

2．识别该项目的重大危险源，说明理由。

《环境影响评价案例分析》考试大纲中“五、环境风险评价（1）识别重大危险源并描述可能发生的环境风险事故”。

关于重大危险源的识别，2013 年考题出现了 2 次，这与当前对环境风险的特别关注有一定的关系。

3．发酵异味气体采用水洗法处理是否可行？说明理由。

《环境影响评价案例分析》考试大纲中“六、环境保护措施分析（1）分析污染控制措施的技术经济可行性”。

废气中含有机酸和醇，采用水洗法会产生大量含有机酸和醇的废水，造成二次污染，可采用冷凝法或活性炭吸附。

4．提出环境空气质量现状监测布点方案，说明理由。

《环境影响评价案例分析》考试大纲中“三、环境现状调查与评价（2）制定环境现状调查与监测方案”。

举一反三

根据《环境影响评价技术导则　大气环境》（HJ 2.2），不同评价等级大气环境现状监测制度如下（节选）：

> 7.3.2.1　一级评价项目应进行 2 期（冬季、夏季）监测；二级评价项目可取 1 期不利季节进行监测，必要时应作 2 期监测；三级评价项目必要时可作 1 期监测。
>
> 7.3.2.2　每期监测时间，至少应取得有季节代表性的 7 天有效数据，采样时间应符合监测资料的统计要求。对于评价范围内没有排放同种特征污染物的项目，可减少监测天数。
>
> 7.3.3　监测布点
>
> 7.3.3.1.2　一级评价项目，监测点应包括评价范围内有代表性的环境空气保护目标，点位不少于 10 个；二级评价项目，监测点应包括评价范围内有代表性的环境空气保护目标，点位不少于 6 个。对于地形复杂、污染程度空间分布差异较大、环境空气保护目标较多的区域，可酌情增加监测点数目。三级评价项目，若评价范围内已有例行监测点位，或评价范围内有近 3 年的监测资料，且其监测数据有效性符合本导则有关规定，并能满足项目评价要求的，可不再进行现状监测，否则，应设置 2～4 个监测点。
>
> 7.3.3.2.1　一级评价项目
>
> a) 以监测期间所处季节的主导风向为轴向，取上风向为 0°，至少在约 0°、45°、90°、135°、180°、225°、270°、315°方向上各设置 1 个监测点，在主导风向下风向距离中心点（或主要排放源）不同距离，加密布设 1～3 个监测点。具体监测点位可根据局地地形条件、风频分布特征以及环境功能区、环境空气保护目标所在方位做适当调整。各个监测点要有代表性，环境监测值应能反映各环境空气敏感区、各环境功能区的环境质量，以及预计受项目影响的高浓度区的环境质量。

b）各监测期环境空气敏感区的监测点位置应重合。预计受项目影响的高浓度区的监测点位，应根据各监测期所处季节主导风向进行调整。

7.3.3.2.2　二级评价项目

a）以监测期间所处季节的主导风向为轴向，取上风向为 0°，至少在约 0°、90°、180°、270°方向上各设置 1 个监测点，主导风向下风向应加密布点。具体监测点位根据局地地形条件、风频分布特征以及环境功能区、环境空气保护目标所在方位做适当调整。各个监测点要有代表性，环境监测值应能反映各环境空气敏感区、各环境功能区的环境质量，以及预计受项目影响的高浓度区的环境质量。

b）如需要进行 2 期监测，应与一级评价项目相同，根据各监测期所处季节主导风向调整监测点位。

7.3.3.2.3　三级评价项目

a）以监测期所处季节的主导风向为轴向，取上风向为 0°，至少在约 0°、180°方向上各设置 1 个监测点，主导风向下风向应加密布点，也可根据局地地形条件、风频分布特征以及环境功能区、环境空气保护目标所在方位做适当调整。各个监测点要有代表性，环境监测值应能反映各环境空气敏感区、各环境功能区的环境质量，以及预计受项目影响的高浓度区的环境质量。

b）如果评价范围内已有例行监测点可不再安排监测。

案例5 园区化学原料药项目

【素材】

某制药企业位于工业园区，在工业园区建设初期入园，占地面积 3 hm^2。截至2012年工业园区已完成规划用地开发的80%。该企业拟在现有的厂区新建两个车间，生产A、B、C三种化学原料药产品。一车间独立生产A产品，二车生产B、C两种产品，B产品和C产品共用一套设备轮换生产。A、B、C三种产品生产过程中产生的工艺废气污染物主要有甲苯、醋酸、三乙胺，拟在相应的废气产生节点将废气回收预处理后混合送入RTO（热力燃烧）装置处理，处理后尾气经15 m高的排气筒排放。A、B、C三种产品工艺废气预处理后的主要污染物最大速率见表1。RTO装置的设计处理效率为95%。

该企业现有生产废水可生化性良好，污水处理站采用混凝沉淀+好氧处理工艺，废水处理能力为100 t/d，现状实际处理废水量50 t/d，各项出水水质指标达标。扩建项目废水量40 t/d，废水 BOD_5/COD 值小于0.10。拟定的扩建项目污水处理方案是依托现有污水处理站处理全部废水。

表1 工艺废气预处理后主要污染物最大速率 单位：kg/h

废气主要污染物	A产品	B产品	C产品
甲苯	12.5	10	7.5
醋酸	0	2.5	1.0
三乙胺	5	2.5	1.5

【问题】

1. 确定该项目大气特征污染因子。
2. 给出甲苯最大排放速率。
3. 指出废气热力燃烧产生的主要二次污染，提出对策。
4. 根据水质、水量情况，给出一种适宜的污水处理方案建议，并说明理由。
5. 为评价扩建项目废气排放的影响，现场调查应了解哪些信息？

【参考答案】

1．确定该项目大气特征污染因子。

答：（1）生产工艺大气特征污染因子：甲苯、醋酸、三乙胺。

（2）污水处理站大气特征污染因子：氨气、硫化氢、臭气浓度。

2．给出甲苯最大排放速率。

答：A 单独生产，且 B 进行生产时，甲苯排放速率最大=（12.5+10）×（1−95%）= 1.125 kg/h。

3．指出废气热力燃烧产生的主要二次污染，提出对策。

答：（1）废气热力燃烧产生的主要二次污染物为：NO_2。

（2）对策为用活性炭吸附。

4．根据水质、水量情况，给出一种适宜的污水处理方案建议，并说明理由。

答：（1）由于扩建工程废水 BOD_5/COD 值小于 0.10，可生化性差，需先进行催化氧化预处理，然后再纳入现有污水处理站处理。

（2）理由：现有污水处理站处理能力 100 t/d，目前处理量 50 t/d，还有 50 t/d 的余量，因此在处理量上可以接纳扩建工程 40 t/d 的废水量。

5．为评价扩建项目废气排放的影响，现场调查应了解哪些信息？

答：（1）扩建工程污染源调查，包括废气种类、废气量、排气筒出口内径、温度等。

（2）评价范围内在建或已批未建的排放同类污染物的污染源调查。

（3）评价范围内大气环境功能区划及环境质量现状。

（4）当地气象资料，包括风向、风速等。

（5）评价范围内地形，建筑物，地表覆盖情况等。

（6）评价范围内环境敏感目标的分布。

【考点分析】

本案例是根据 2013 年案例分析试题改编而成的，需要考生认真体会，综合把握。

1．确定该项目大气特征污染因子。

《环境影响评价案例分析》考试大纲中“四、环境影响识别、预测与评价（1）识别环境影响因素与筛选评价因子”。

特征污染因子识别属于高频考点，2013 年、2014 年环评案例考试多次出现该类型题目。

该项目大气特征污染因子题干信息已给出，注意不要遗漏污水处理站的大气特征污染因子。

2．给出甲苯最大排放速率。

《环境影响评价案例分析》考试大纲中“二、项目分析（1）分析建设项目施工期和运营期环境影响的因素和途径，识别产污环节、污染因子和污染物特性，核算物耗、水耗、能耗和主要污染物源强”。

3．指出废气热力燃烧产生的主要二次污染，提出对策。

《环境影响评价案例分析》考试大纲中“二、项目分析（1）分析建设项目施工期和运营期环境影响的因素和途径，识别产污环节、污染因子和污染物特性，核算物耗、水耗、能耗和主要污染物源强”和“六、环境保护措施分析（1）分析污染控制措施的技术经济可行性”。

热力燃烧是指把废气温度提高到可燃气态污染物的温度，使其进行全氧化分解的过程。由于废气中含有的可燃气态污染物浓度较低，所以需要燃烧辅助燃料提高废气的温度。热力燃烧过程包括以下三个步骤：①辅助燃料燃烧以提供热量；②废气与高温燃气混合达到反应温度；③保持废气在反应温度下有足够的停留时间，以使其中的可燃气态污染物氧化分解。

本题含N有机物燃烧最终产物一般为NO_2，废气燃烧产生的CO_2、H_2O不作为主要污染物看待。

4．根据水质、水量情况，给出一种适宜的污水处理方案建议，并说明理由。

《环境影响评价案例分析》考试大纲中“六、环境保护措施分析（1）分析污染控制措施的技术经济可行性”。

本题为废水治理措施题，与本书“二、化工石化及医药类 案例6　新建石化项目”的第2题类似。

可生化性差的废水一般可采取混凝沉降、水解酸化、厌氧发酵、树脂吸附、催化氧化等处理方法。

5．为评价扩建项目废气排放的影响，现场调查应了解哪些信息？

《环境影响评价案例分析》考试大纲中“三、环境现状调查与评价（2）制定环境现状调查与监测方案”。

废气排放影响评价需调查内容：本工程大气污染源调查、周边在建与已批未建污染源调查、环境空气质量现状调查、环境敏感点分布情况、气象条件资料等。

案例 6 新建石化项目

【素材】

某石化企业拟建于工业区，工业区集中供水、供电，建有污水处理厂，工业区污水处理厂已建两套好氧污泥法污水处理系统，正在新建一套 SRB 型 50 m^3 污水生化处理系统，处理工业区各企业生产废水。废水处理达标后由同一排放管深海排放，废水排放口西北 83 m 海域有水产养殖区，在其附近设有定期检测设备。

厂区划分为石化生产装置区、中间罐区、厂内原料产品罐区、码头原料罐区、综合管理设施区和污水处理场。在污水处理厂东南角设基础防渗的露天固废临时贮存场，部分生产装置废水产生情况见表 1，其中 C 股废水中含难生化降解的硝基苯类污染物。

表 1 拟建项目部分生产装置废水产生情况

排放源	排放规律	产生量/(m^3/h)	水质/（mg/L，pH 值除外）					
			pH 值	COD	BOD_5	石油类	氨氮	硝基苯类
A	连续	50	6～7	1 000	350	500	60	—
B	连续	200	6～8	600	300	300	50	—
C	连续	23	—	8 000	极低	—	—	1 000

厂内生产废水处理方案为 A、B、C 三股废水直接混合后进行除油预处理和生化处理。处理达标后送工业区污水处理厂进一步处理。

项目运营期拟在定期监测站位对海水水质、海洋表层沉积物和生物进行硝基苯类定期监测。

【问题】

1．该项目废水预处理去除石油类可采用哪些方法？

2．根据该项目 A、B、C 三股废水的特征，简述项目废水处理方案的可行性，优化污水处理方案。

3．污水处理厂产生的固废是否可送厂区固废临时储存场堆存？说明理由。

4．厂区污水处理厂调节池、曝气池是主要的恶臭源，简述减轻其环境影响的可行措施。

5．说明项目运营期进行硝基苯定期监测的作用。

【参考答案】

1．该项目废水预处理去除石油类可采用哪些方法？

答：隔油池、油水分离器、破乳剂除油、气浮。

油类常以浮油、乳化溶解态油、重油三种形式存在于水中，因此预处理方式包括：

（1）浮油可利用其比重小于1且不溶于水的原理，通过机械作用使之上浮并去除，如常用的隔油池；

（2）对于溶解态和乳化态油类可采用投加药剂—气浮法，即破乳—混凝—气浮，将其去除；

（3）对于比重大于1的重油则可用重力分离法加以去除，如设置除油沉砂池。

2．根据该项目A、B、C三股废水的特征，简述项目废水处理方案的可行性，优化污水处理方案。

答：A、B、C废水混合处理不可行。通过题干信息可知，A、B两股废水可生化性强，而C废水可生化性差，根据“清污分流、污污分流、分质处理”的原则，A、B废水与C废水混合后再生化处理不可行。

优化措施：A、B两股废水混合除油后进行生化处理除碳、脱氨；C股废水中的难降解有机物（COD、硝基苯类）通过混凝处理后再用活性炭吸附等物理和物化方法加以去除至达标。

3．污水处理厂产生的固废是否可送厂区固废临时储存场堆存？说明理由。

答：不可放置在厂区固废临时储存场贮存。理由为由《国家危险废物名录》可知，含硝基苯类废物为危险废物，根据《危险废物贮存污染控制标准》（GB 18597—2001），危险废物临时贮存场所除需防渗外，还需防风、防雨、防晒，不得露天堆场。

4．厂区污水处理厂调节池、曝气池是主要的恶臭源，简述减轻其环境影响的可行措施。

答：（1）合理规划，设置合理的卫生防护距离，确保周边敏感目标不受影响，同时将污水处理厂设置在下风向，减小恶臭的影响范围；

（2）调节池、曝气池周边设置绿化带；

（3）对调节池、曝气池进行加盖处理，同时设置臭气收集系统，通过焚烧或活性炭吸附法进行处理。

5．说明项目运营期进行硝基苯定期监测的作用。

答：（1）定期进行水质、沉积物、生物体中硝基苯的监测，有助于了解硝基苯类化合物在海水中的扩散、沉积、迁移的情况和规律，防止其污染环境，以及在生物体中累积，最终影响人体健康等。

（2）定期监测硝基苯，可控制海水环境质量，监测项目废水排放对渔业养殖的影响。

（3）对防范企业超标排放，监控环境风险，严格环境保护制度执行等有重要作用。

【考点分析】

本案例是根据 2010 年案例分析试题改编而成。这道题目所涉及的考点很多，需要考生综合把握。

1．该项目废水预处理去除石油类可采用哪些方法？

《环境影响评价案例分析》考试大纲中“六、环境保护措施分析（1）分析污染控制措施的技术经济可行性”。

举一反三：

环保措施一直是近几年案例分析考试的出题方向，请考生认真总结废气、废水、噪声、固废的污染防治措施。为了强化环保措施知识点的复习，本书“三、冶金机电类　案例 5　专用设备制造项目”第 5 题考点分析对有机废气治理措施进行了总结，请对照复习。

2．根据该项目 A、B、C 三股废水的特征，简述项目废水处理方案的可行性，优化污水处理方案。

《环境影响评价案例分析》考试大纲中“六、环境保护措施分析（1）分析污染控制措施的技术经济可行性”。

3．污水处理厂产生的固废是否可送厂区固废临时储存场堆存？说明理由。

《环境影响评价案例分析》考试大纲中“六、环境保护措施分析（1）分析污染控制措施的技术经济可行性”。

此题属于社会服务类危险废物贮存、处置项目的常考问题，涉及的知识点为危险废物堆放要求。主要包括：

（1）基础必须防渗；

（2）危险废物堆内设置雨水收集池，并能收集 25 年一遇的暴雨 24 小时降雨量。

（3）危险废物堆要防风、防雨、防晒。

（4）不兼容的危险废物不能堆放在一起。

4．厂区污水处理厂调节池、曝气池是主要的恶臭源，简述减轻其环境影响的可行措施。

《环境影响评价案例分析》考试大纲中“六、环境保护措施分析（1）分析污染控制措施的技术经济可行性”。

此题为污水处理厂类案例常考知识点，类似于本书“五、社会服务类　案例 3　3 万 t/d 污水处理厂项目”第 6 题，请对照复习。

举一反三：

在污水处理厂中，恶臭浓度最高处为污泥处置工段，恶臭逸出量最大处是好氧曝气池，在曝气过程中恶臭物质逸入空气。考生可以从清除恶臭发生源、切断扩散途径及污染受体保护几个方面回答。

5．说明项目运营期进行硝基苯定期监测的作用。

《环境影响评价案例分析》考试大纲中“六、环境保护措施分析（1）分析污染控制措施的技术经济可行性”。

举一反三：

本题与环境影响评价工作联系较为密切，需要认真理解环境影响评价工作过程中环境质量现状监测和环评报告中提出的环境跟踪监测计划（例如环境污染跟踪监测和生态影响跟踪监测）的目的及意义，只有真确理解之后，才能给出正确答案。

一般情况下，环评中现状监测的目的之一是为了调查其环境质量现状和环境容量，给出项目上马前的环境背景值，为预测提供初始浓度；而环境报告中提出项目运营期环境的定期监测，其目的主要有一是跟踪监测建设项目对环境的影响程度，验证环境影响评价结论，二是监控污染风险，及时发现污染事故，以便及时采取控制措施，第三对于特殊污染物（例如难降解、易累积和高毒性的污染物）的在环境的中的累积作用，第四是保护环境、定期监控特定污染物对环境影响的定量手段。

案例 7　离子膜烧碱和聚氯乙烯项目

【素材】

某离子膜烧碱和聚氯乙烯（PVC）项目位于规划工业区。离子膜烧碱装置以原盐为原料生产氯气、氢气和烧碱。为使离子膜装置运行稳定，在厂区设置三台容积为 50 m^3 的液氯储罐，液氯储存单元属于重大危险源。

聚氯乙烯生产过程为 HCl 与乙炔气在 $HgCl_2$ 催化剂作用下反应生成氯乙烯单体（VCM），再采用悬浮聚合技术生产 PVC，全年生产 8 000 h。

VCM 生产过程中使用 $HgCl_2$ 催化剂 100.8 t/a（折汞 8 188.375 6 kg/a）、活性炭 151.2 t/a，采用活性炭除汞器除去粗 VCM 精馏尾气中的汞升华物（折汞 2 380.891 3 kg/a）。VCM 洗涤产生的盐酸经处理返回 VCM 生产系统，碱洗产生的含汞废碱水 2.5 m^3/h，总汞浓度为 2.0 mg/L，废催化剂中折汞 4 927.204 4 kg/a，更换催化剂卸泵产生的少量废水经锯末、活性炭等吸附带走 840.279 9 kg/a，废水排入含汞废碱水预处理系统，含汞废碱水经化学沉淀、三段活性炭吸附、三段离子交换树脂预处理，总汞浓度 0.001 5 mg/L。废活性炭，树脂更换带走汞 39.970 0 kg/a。预处理合格的废水与厂内其他废水混合、经处理后排至工业区污水处理厂，含汞废物统一送催化剂生产厂家回收利用。

【问题】

1．给出 VCM 生产过程中总汞的平衡图。

2．说明该项目废水排放监控应考虑的主要污染物及监控部位。

3．识别液氯储存单元的风险类型，给出风险源项分析内容。

4．在 VCM 生产单元氯元素投入、产出平衡计算中，投入项应包括的物料有哪些？

5．该项目的环境空气现状调查应包括哪些特征污染因子？

【参考答案】

1．给出 VCM 生产过程中总汞的平衡图。

附 1：VCM 生产过程中总汞的平衡图。

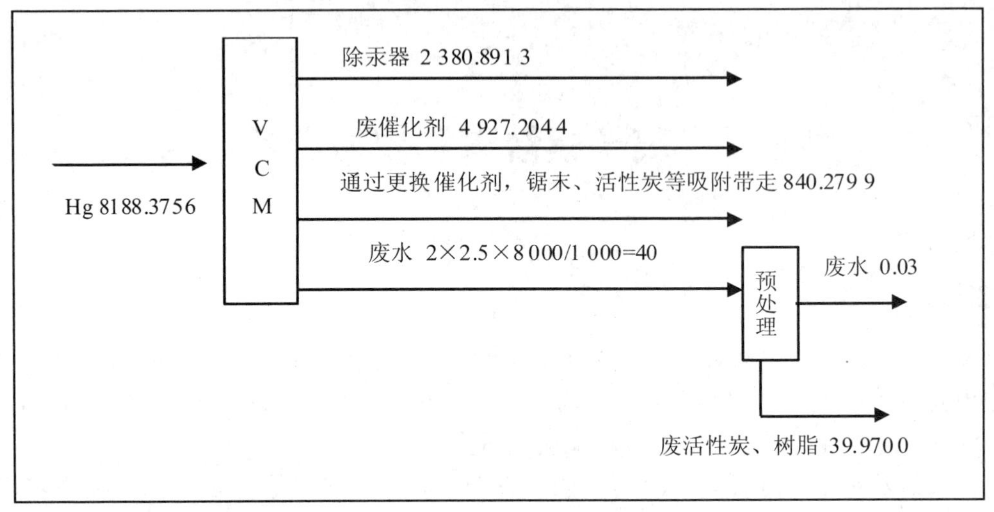

2．说明该项目废水排放监控应考虑的主要污染物及监控部位。

答：该项目废水排放监控主要应考虑的污染物为：

（1）Hg，监控部位为预处理设施排放口；

（2）COD、SS、pH、石油类、氯离子，监控部位为全场排放口。

3．识别液氯储存单元的风险类型，给出风险源项分析内容。

答：液氯储存单元风险类型为：液氯储罐的破裂、泄漏。

风险源项分析内容为确定液氯储罐破裂或泄漏时最大可信事故的发生概率、液氯储罐最大可信事故的泄漏量。

4．在 VCM 生产单元氯元素投入、产出平衡计算中，投入项应包括的物料有哪些？

答：投入项应包括的物料有 HCl 和 $HgCl_2$。

5．该项目的环境空气现状调查应包括哪些特征污染因子？

答：空气特征污染因子为：HCl、Cl_2、Hg、VCM。

【考点分析】

本案例是根据 2009 年案例分析考试试题改编而成，需要考生认真体会，综合把握。

1．给出 VCM 生产过程中总汞的平衡图。

《环境影响评价案例分析》考试大纲中“二、项目分析（1）分析建设项目施工期和运营期环境影响的因素和途径，识别产污环节、污染因子和污染物特性，核算物耗、水耗、能耗和主要污染物源强”和《环境影响评价技术方法》考试大纲中“一、工程分析（一）污染型项目工程分析（3）掌握物料平衡法、类比法、资料复用法、实测法和实验法的基本原理及污染物产生量的估算方法”。

物料平衡一直是技术方法和案例分析的重点之一，需考生认真掌握。

2．说明该项目废水排放监控应考虑的主要污染物及监控部位。

《环境影响评价案例分析》考试大纲中“六、环境保护措施分析（3）制订环境管理与监测计划”。

此题考查工业废水监测部位及监测因子，涉及的知识点为：第一类污染物采样点位一律设在车间或车间处理设施的排放口或专门处理此类污染物设施的排口；第二类污染物采样点位一律设在排污单位的外排口。类似“一、轻工纺织化纤类 案例4　年产 2.5 万张牛皮革新建项目”的第 3 题，请考生参照复习。

3．识别液氯储存单元的风险类型，给出风险源项分析内容。

《环境影响评价案例分析》考试大纲中“五、环境风险评价（1）识别重大危险源并描述可能发生的环境风险事故”。

重大危险源相关考题为环评案例分析考试的高频考点。其他的问题形式有：

（1）识别该项目的重大危险源，说明理由。

（2）该项目是否存在重大危险源，说明理由。

举一反三：

重大危险源类考题涉及的知识点包括：

（1）风险评价的基本内容。包括风险识别、源项分析、后果计算、风险计算和评价以及风险管理五部分。

（2）危险源危险类型。包括火灾、泄漏、爆炸三种。

（3）风险源项分析内容。包括确定最大可信事故发生概率和估算危险化学品的泄漏量。

（4）最大可信事故：指所有预测概率不为零的事故中，对环境危害最严重的事故。

（5）重大危险源的辨识：①长期或临时地生产、加工、使用或储存危险化学品，且危险化学品的数量等于或超过临界量的单元。

②单元内存在的危险化学品为多品种时，则按下式计算，若满足，则定为重大危险源：

$$q_1/Q_1+q_2/Q_2+\cdots+q_n/Q_n\geqslant 1$$

式中，q_1，q_2，…，q_n——每种危险化学品实际存在量，t；

Q_1，Q_2，…，Q_n——与各危险化学品相对应的临界量，t。

注：单元是指一个（套）生产装置、设施或场所，或同属一个生产经营单位且边缘距离小于 500 m 的几个（套）生产装置、设施或场所。

4．在 VCM 生产单元氯元素投入、产出平衡计算中，投入项应包括的物料有哪些？

《环境影响评价案例分析》考试大纲中“二、项目分析（1）分析建设项目施工期和运营期环境影响的因素和途径，识别产污环节、污染因子和污染物特性，核算物耗、水耗、能耗和主要污染物源强”。

5．该项目的环境空气现状调查应包括哪些特征污染因子？

《环境影响评价案例分析》考试大纲中“三、环境现状调查与评价（2）制定环境现状调查与监测方案”。

本题中的VCM为无色、易液化、剧毒气体，属于《大气污染物综合排放标准》中的控制因子。

本题考点是考查考生对一个行业环境影响识别的能力。考试在遇到此类问题时，要结合行业特点，参考工艺流程图及主要原辅材料分析其特征污染物，只有进入大气中的特征污染物才可能成为环境空气现状调查中的大气特征污染因子。

化工石化及医药类案例小结

历年的案例分析考试中，化工石化及医药类素材五花八门，涉及的生产工艺流程各不相同，鲜有重复，但是该类案例考查的知识点及考查方式比较一致。经归纳，主要有如下几方面：

（1）废水、废气中的特征污染因子的考查。

主要根据题干信息及工艺流程图判断，从反应添加的原料、溶剂和题干给出的产品中去找。对于部分生僻的化学试剂性质（如挥发性）的考查是考试的难点。

（2）固体废物性质的判断及其处置措施合理性的分析。

结合危险废物的五性（腐蚀性、毒性、易燃性、反应性和感染性），可以定性判断。化工行业废水处理站污泥常为危险废物，不要遗漏。

固体废物焚烧处理可行性分析。

（3）废水的处置措施及其合理性分析。

坚持“清污分流、污污分流、分质处理”的原则。

可生化处理废水采用好氧生物处理，难降解有机物（COD、硝基苯类）可通过混凝处理后再用活性炭吸附过滤等物理和物化方法处理。

石油类废水处理方法。

废水送城市污水处理厂处理的可行性。

（4）废气的处理方法及其特点。

有机废气的处理方法。

恶臭处理措施。

污水处理厂恶臭污染防治措施。

（5）重大危险源判定。

（6）物料平衡计算、元素平衡计算、废气污染排放速率计算等。

（7）废水排放监测部位及监测因子。

（8）大气环境影响评价现场调查信息和大气环境现状监测布点。

（9）地下储罐土壤环境风险监控措施。

（10）危险废物焚烧处理废气排放执行标准。

三、冶金机电类

案例 1　机械装备制造改扩建项目

【素材】

某机械设备制造厂，始建于 1970 年，厂区东西长 800 m，南北宽 600 m。生产部门有铸造、铆焊、机械加工、电镀、涂装、总装等车间，公用部门有锅炉房、油化库等，环保设施有车间污水处理站、全厂污水处理站等。其中，锅炉房现有 2 台 10 t/h 燃煤蒸汽锅炉（1 用 1 备），烟气脱硫系统改造正在实施中。

拟在现有厂区实施改扩建工程，建设内容包括：更新部分铸造、机械加工设备，扩建电镀车间、铆焊车间和锅炉房，改造全厂给排水管网。计划 2016 年年底全部建成。

扩建锅炉房。在预留位置增加 1 台 10 t/h 燃煤蒸汽锅炉，采用布袋除尘+双碱法处理新增锅炉烟气。锅炉房扩建后锅炉 2 用 1 备。

扩建电镀车间。新增 1 条镀铬生产线，采用多级除油、预镀镍、中镀铜、终镀铬复合工艺。其中，中镀铜工段生产工艺流程如图 1 所示，所用物料有氰化钠、氰化亚铜等。

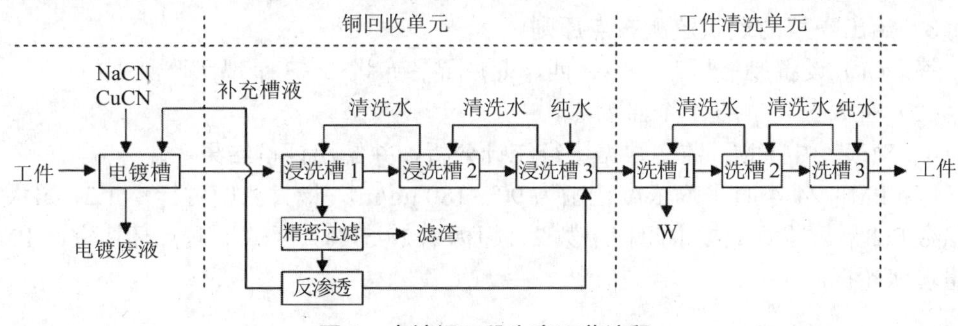

图 1　中镀铜工段生产工艺流程

2010 年，企业所在地及周边 5 km^2 范围已规划为装备制造产业园区。目前，规划用地范围内居民搬迁安置工作基本完成，园区市政给排水管网已建成，污水处理厂正在调试，热力中心正在建设。预计 2016 年初热力中心开始向园区企业供热供汽，区内分散锅炉逐步拆除。

扩建的铆焊车间紧邻东厂界。经调查，与厂界距离最近的 A 村庄位于园区规划用地范围以东，与厂界相距 180 m。

东厂界现状噪声略有超标，近期区域 1#测点 PM_{10}、SO_2 24 小时平均浓度监测结果见表 1。

表 1 区域 1#测点 PM_{10}、SO_2 24 小时平均浓度监测结果汇总 单位：μg/m³

监测时间	1 月 10 日	1 月 11 日	1 月 12 日	1 月 13 日	1 月 14 日	1 月 15 日	1 月 16 日
PM_{10}	90.0	101.3	125.5	118.2	123.4	161.7	180.0
SO_2	180.0	165.1	140.5	120.5	135.6	160.5	155.3

（注：根据《环境空气质量标准》（GB 3095—2012），园区 PM_{10}、SO_2 的 24 小时平均浓度限值均为 150 μg/m³。）

【问题】

1．锅炉房扩建是否合理？列举理由。

2．给出中镀铜工段废水 W 的污染因子。

3．给出噪声的现状监测布点原则。

4．对表 1 中 PM_{10} 监测数据进行统计分析，并给出评价结果。

【参考答案】

1．锅炉房扩建是否合理？列举理由。

答：不合理。根据题干信息，预计 2016 年初热力中心开始向园区企业供热供汽，区内分散锅炉逐步拆除。扩建锅炉房不符合园区发展规划。

2．给出中镀铜工段废水 W 的污染因子。

答：pH、Cu、CN^-。

3．给出噪声的现状监测布点原则。

答：（1）设备制造厂东、南、西、北厂界各布设 2～3 个现状监测点；

（2）在 A 村庄布设 1 个监测点。

4．对表 1 中 PM_{10} 监测数据进行统计分析，并给出评价结果。

答：PM_{10} 24 小时平均浓度范围为 90～180 μg/m³，最大浓度占标率 1.2，最大超标倍数 0.2 倍。监测数据中超标个数 2，超标率 28.57%。区域 1#测点环境空气 PM_{10} 质量现状超标。

【考点分析】

本题为 2015 年环评案例分析考试真题。

1．锅炉房扩建是否合理？列举理由。

该项目为园区建设项目，须与园区发展规划相协调；特别注意园区的供热供气设施、污水处理厂等的依托情况。

2．给出中镀铜工段废水 W 的污染因子。

《环境影响评价案例分析》考试大纲中“二、项目分析（1）分析建设项目施工期和运营期环境影响的因素和途径，识别产污环节、污染因子和污染物特性，核算物耗、水耗、能耗和主要污染物源强”。

本题为多年来常考题型，回答此类题目时需紧密结合题干给出的物料信息，并了解基本的化学反应方程。电镀铜工艺废水污染物主要为 Cu、CN^-和 pH。

举一反三：

电镀废水主要有以下几种：

- 多级除油工段产生的废水，主要污染物为：SS、COD、LAS（阴离子表面活性剂）、石油类；
- 镀镍后镀件水洗产生的废水，主要污染物为镍、pH；
- 镀铬后镀件水洗产生的废水，主要污染物为镍、铬、pH；
- 车间地面冲洗废水，主要成分是镍、铬、铜、悬浮物、pH。

3．给出噪声的现状监测布点原则。

《环境影响评价案例分析》考试大纲中“三、环境现状调查与评价（2）制定环境现状调查与监测方案”；《环境影响评价技术导则与标准》考试大纲中“二、环境影响评价技术导则（五）环境影响评价技术导则—声环境 3．声环境现状调查和评价（2）掌握不同条件下声环境现状监测的布点原则”。

本题需结合噪声监测布点原则及题干信息灵活答题，涉及的考点为噪声监测布点原则：

（1）布点覆盖整个评价范围，包括厂界和敏感目标。当敏感目标高于（含）三层时，还应选取有代表性的楼层布点。

（2）现状监测点应重点布设在既受到现有声源影响，又受到建设项目声源影响的敏感目标处，以及有代表性的敏感目标处；为了满足预测要求，也可在距离现有声源不同距离处设衰减监测点。

（3）厂界噪声监测点布置在厂界外 1 m 处，间隔 50～100 m，大型项目 100～300 m，具体测量方法参照相应标准执行。

4．对表 1 中 PM_{10} 监测数据进行统计分析，并给出评价结果。

《环境影响评价案例分析》考试大纲中“三、环境现状调查与评价（4）评价环境质量现状”。

本题考查大气环境质量现状监测结果的统计分析内容，须结合题干信息，灵活作答。大气环境质量现状监测结果统计分析原则上包括：

（1）各监测点污染物浓度变化范围；

（2）最大浓度占相应标准限值的百分比及超标倍数。

（3）监测数据中超标个数及超标率。

（4）评价达标情况。

（5）分析大气污染物浓度的日变化规律；分析重污染时间分布情况及其影响因素。

案例2　新建陶瓷器件加工项目

【素材】

某高新技术工业园成立于2005年，截至2014年年底已开发土地面积占规划用地面积的75%，工业园区污水处理厂已于2014年年底投入运行。A企业在工业园区建设初期入园，占地面积200 m×180 m，年产2.5×10^4只压电陶瓷频率器件。

A企业提供的资料表明：该企业污水尚未纳入工业园区污水处理系统，现有研磨腐蚀清洗废水经车间预处理达标后，与厂区生活污水一并排入厂区污水处理站，经生化处理后排入工业园区东侧B河，总排放口水质达标；厂区污水处理站污泥送城市生活垃圾卫生填埋场处置；喷雾造粒机废气经布袋除尘系统处理，由高15 m的排气筒排出。现有工程"三废"产生量及治理情况如表1所示。据企业负责人介绍，现有工程配套的环保设施完善，"三废"处理符合环保要求。

拟在现厂区扩建1条2.5×10^4只/年压电陶瓷频率器件生产线，生产工艺与现有工程相同；配套建设1座含质检中心的四层（层高3.2 m）综合办公楼；改造布袋除尘系统，设计布袋除尘效率95%，风机总风量为4 000 m^3/h，现有和扩建的喷雾造粒机废气经布袋除尘系统处理，由现有的排气筒集中排放。

拟改造现有厂区污水处理站，专门预处理扩建工程的研磨腐蚀清洗废水。全厂研磨腐蚀清洗废水经预处理达标后与厂区生活污水一并排入工业园区污水处理厂。

表1　现有工程"三废"产生量及治理情况

编号	污染源名称	产生量	主要污染物	治理措施及去向
W_1	混配机冷却水	46 m^3/d	—	经总排口直接排放
W_2	研磨腐蚀清洗废水	88.4 m^3/d	Pb、Cu	W_2经车间预处理与W_3一并进入厂区污水处理站，处理后排入B河
W_3	生活污水	50 m^3/d	COD、NH_3-N	
G_1	喷雾造粒机废气	0.022 kg/h	铅及其化合物	布袋除尘，风机风量2 000 m^3/h
S_1	污水处理站污泥	150 kg/d	—	送城市生活垃圾卫生填埋场处置

（注：铅及其化合物最高允许排放浓度0.70 mg/m^3，15 m高排气筒最高允许排放速率0.004 kg/h。）

【问题】

1．指出“现有工程的‘三废’处理符合环保要求”说法的可疑之处？说明理由。

2．扩建工程研磨腐蚀清洗废水的预处理方案是否可行？

3．评价扩建工程完成后喷雾造粒机废气的排放达标情况。

4．简要说明废水预处理站污泥的处理处置要求。

【参考答案】

1．指出“现有工程的‘三废’处理符合环保要求”说法的可疑之处？说明理由。

答：（1）废水：工业园区污水处理厂已于2014年年底投入运行，现有工程废水仍然自行处理后直接排入B河，不符合园区污水集中处理的要求。

（2）废气：喷雾造粒机废气经布袋除尘系统处理，未给出除尘系统的去除效率，不能判断废气排放是否达标。

（3）固体废物：厂区污水处理站处理了含重金属Cu、Pb的废水，因此污泥需进行危险废物性质鉴别，才能判断是否能够送生活垃圾卫生填埋场处置。

2．扩建工程研磨腐蚀清洗废水的预处理方案是否可行？

答：可行。拟改造现有厂区污水处理站，专门预处理扩建工程的研磨腐蚀清洗废水。厂区污水处理站就成了专门处理项目含第一类污染物废水的“车间处理设施”，改造后预处理须满足第一类污染物达标。

3．评价扩建工程完成后，喷雾造粒机废气排放达标情况。

答：排放浓度=2×0.022 kg/h×（1−95%）÷4 000 m^3/h=0.55 mg/m^3＜0.70 mg/m^3

排放速率=2×0.022 kg/h×（1−95%）=0.002 2 kg/h

排气筒高度15 m，周围综合办公楼高12.8 m。

根据以上分析，如果排气筒距离质检中心大于200 m，则项目废气排放达标；如果小于200 m，则污染物排放速率限值应严格50%执行，排放速率（0.002 2 kg/h）大于0.002 kg/h，排放不达标。

4．简要说明废水预处理站污泥的处理处置要求。

答：由于废水预处理站污泥中含重金属Cu、Pb，应进行废物性质鉴定，若属于危险废物，按照《危险废物贮存污染控制标准》进行日常管理，最终交有资质的单位处理；若为一般工业固体废物，可送生活垃圾卫生填埋场处置。

【考点分析】

本题为2015年环评案例分析考试真题。

1．指出“现有工程的‘三废’处理符合环保要求”说法的可疑之处？说明理由。

《环境影响评价案例分析》考试大纲中“六、环境保护措施分析（1）分析污染控制措施的技术经济可行性”。

本题涉及的考点包括：设污水处理厂的园区废水需集中处理；大气污染物需达标排放；污水处理厂处理含重金属废水产生的污泥中含重金属，需进行浸出毒性鉴定。

2．扩建工程研磨腐蚀清洗废水的预处理方案是否可行？

《环境影响评价案例分析》考试大纲中“六、环境保护措施分析（1）分析污染控制措施的技术经济可行性”。

本题涉及的考点包括：第一类污染物需在车间或“车间处理设施”排口达标。需要注意：“车间处理设施”是指专门处理单一车间工业废水的装置，而不一定位于车间的内部。

3．评价扩建工程完成后喷雾造粒机废气的排放达标情况。

《环境影响评价案例分析》考试大纲中“二、项目分析（3）评价污染物达标排放情况”。

本题涉及的考点：（1）该项目应执行《大气污染物综合排放标准》（隐含考点）；（2）大气污染物排放浓度、排放速率计算；（3）根据《大气污染物综合排放标准》（GB 16297—1996），排气筒高度应高出周围200 m半径范围的建筑5 m以上，若不能达到，污染物排放速率应较标准值严格50%执行。

本题A企业占地面积 200 m×180 m，若排气筒和质检中心距离位于对角线（长269 m）两端，两者距离大于200 m；若不处于对角线上，则两者距离小于200 m。根据题干信息难以判断二者距离是否大于200 m，因此难以判断废气排放是否达标。

4．简要说明废水预处理站污泥的处理处置要求。

《环境影响评价案例分析》考试大纲中“六、环境保护措施分析（1）分析污染控制措施的技术经济可行性”。

本题涉及的考点：污水处理厂处理含重金属废水产生的污泥中含重金属，需进行浸出毒性鉴定。同于本案例第一题。

案例 3　年产 12 万辆汽车改造项目

【素材】

某汽车制造厂现有整车产能为 12 万辆/a，厂区设有冲压车间、焊接车间、涂装车间、总装车间、外购件库、停车场、试车跑道、空压站、天然气锅炉房、废水处理站、固体废物暂存间、综合楼等。该厂工作制度为 250 d/a，实行双班制。

涂装车间现有前处理（含脱脂、磷化工段）、电泳底漆和涂装生产线。前处理磷化工段采用镍锌锰系磷酸盐型磷化剂，生产过程中产生磷化废水、磷化废液、磷化渣，清洗管路系统产生废硝酸。电泳底漆生产线烘干室排放的有机废气采用 1 套 RTO 蓄热式热力燃烧装置处理，辅助燃料为天然气。

该厂拟依托现厂区进行扩建，新增整车产能 12 万辆/a。拟新建冲压车间和树脂车间，在现有焊接车间和总装车间内增加部分设备，在涂装车间内新增 1 条中涂面漆生产线，并将涂装车间现有前处理和电泳底漆生产线生产节拍提高 1 倍。

拟新建的树脂车间用于塑料件的注塑成型和涂装，配套建设 1 套 RTO 装置处理挥发性有机废气。扩建工程建成后工作制度不变。

新建树脂车间涂装工段设干式喷漆室（含流平）和烘干室，采用 3 喷 1 烘工艺，涂装所使用的底漆、色漆和罩光漆均为溶剂漆。喷漆室和烘干室产生的挥发性有机物（VOCs、甲苯、二甲苯及其他醚酯醛酮类物质）收集后送入 RTO 装置处理。干式喷漆室进入RTO装置的VOCs为32 kg/h，烘干室进入RTO装置的VOCs为24 kg/h，RTO 装置的排风量为 15 000 m^3/h，RTO 装置的 VOCs 去除效率为 98%，处理后的废气由 20 m 高排气筒排放。

现有工程磷化废水预处理系统设计处理能力为 30 m^3/h，运行稳定达到设计出水水质要求。扩建工程达产后，磷化废液和磷化废水的污染物浓度不变，磷化废水预处理系统收水情况如表 1 所示。

表 1　磷化废水预处理系统收水情况

废水类型	现有工程	扩建工程达产后全厂	主要污染物	备注
磷化废液	16 m^3/d（折合）	24 m^3/d（折合）	pH、镍、锌、磷酸盐	间歇产生
磷化废水	240 m^3/d	400 m^3/d		连续产生

环评机构确定本项目大气环境影响评价工作等级为三级，拟定的空气环境质量监测方案设 2 个监测点位，收集有符合监测方位要求的 1 号、2 号监测点上一年度的 PM_{10}、SO_2、NO_2 环境空气常规监测数据。环评机构拟直接利用收集的环境空气常规监测数据进行现状评价，不再进行环境空气质量现状监测。VOCs、甲苯、二甲苯等特征污染物，

【问题】

1．计算树脂车间涂装工段 RTO 装置的 VOCs 排放速率及排放浓度。

2．指出涂装车间磷化工段产生的危险废物。

3．现有磷化废水预处理系统是否满足扩建工程达产后的处理需求，说明理由。

4．环评机构“不再进行环境空气质量现状监测”的做法是否合适？说明理由。

【参考答案】

1．计算树脂车间涂装工段 RTO 装置的 VOCs 排放速率及排放浓度。

答：（1）VOCs 排放速率为：（32+24）×（1−98%）=1.12 kg/h。

（2）VOCs 排放浓度为：（1.12/15 000）×1 000×1 000=74.7 mg/m^3。

2．指出涂装车间磷化工段产生的危险废物。

答：磷化渣、废硝酸、磷化废液

3．现有磷化废水预处理系统是否满足扩建工程达产后的处理需求？说明理由。

答：（1）满足。

（2）理由：扩建工程达产后，磷化废水预处理系统日收集磷化废水（液）680 m^3，小于设计处理能力 30 m^3/h（720 m^3/d）。

4．环评机构“不再进行环境空气质量现状监测”的做法是否合适？说明理由。

答：（1）不合适；

（2）收集到的资料仅有 PM_{10}、SO_2、NO_2 环境空气常规监测数据，本项目还有 VOCs、甲苯、二甲苯和苯系物等特征污染物，现状监测与评价中也应包含这些特征污染物的监测数据，因此还需要进行环境空气质量现状监测。

【考点分析】

本案例是根据 2014 年案例分析试题结合 2017 年试题题目改编而成的。这道题目所涉及的考点很多，需要考生综合把握。

1．计算树脂车间涂装工段 RTO 装置的 VOCs 排放速率及排放浓度。

《环境影响评价案例分析》考试大纲中“二、项目分析（1）分析建设项目施工期和运营期环境影响的因素和途径，识别产污环节、污染因子和污染物特性，核算物耗、水耗、能耗和主要污染物源强”。

本题类似于本书“二、化工石化及医药类　案例5　园区化学原料药项目”第2题。

2．指出涂装车间磷化工段产生的危险废物。

《环境影响评价案例分析》考试大纲中“二、项目分析（1）分析建设项目施工期和运营期环境影响的因素和途径，识别产污环节、污染因子和污染物特性，核算物耗、水耗、能耗和主要污染物源强”。

把握题干信息：前处理磷化工段采用镍锌锰系磷酸盐型磷化剂，生产过程中产生磷化废水、磷化废液、磷化渣，清洗管路系统产生废硝酸。

注意：如果给出与涂装车间磷化工段无关的废物，如污泥，本题不得分。

本题类似于本书“三、冶金机电类　案例5　专用设备制造项目”第3题。

3．现有磷化废水预处理系统是否满足扩建工程达产后的处理需求？说明理由。

《环境影响评价案例分析》考试大纲中“六、环境保护措施分析（1）分析污染控制措施的技术经济可行性”。

该项目磷化废水排放量为 400 m^3/d，即 25 m^3/h。磷化废液的排放量为 24 m^3/d（折合），由于磷化废液是间歇排放，废液排放量波动较大，如果磷化废液的间歇排放量超过 5 m^3/h，将超过磷化废水预处理系统的处理能力。根据工程经验，一般会在废水预处理系统前设一缓冲池，保障系统的稳定运行。

4．环评机构“不再进行环境空气质量现状监测”的做法是否合适？说明理由。

《环境影响评价案例分析》考试大纲中“二、项目分析（1）分析建设项目施工期和运营期环境影响的因素和途径，识别产污环节、污染因子和污染物特性，核算物耗、水耗、能耗和主要污染物源强”和“三、环境现状调查与评价（2）制定环境现状调查与监测方案；（3）分析环境现状调查资料、监测数据的代表性和有效性”。

本题的综合性较强，同时考查了三个考点。考查考生对一个行业环境影响识别的能力。考试在遇到此类问题时，要仔细分析所收集到现状监测资料的代表性、时效性，是否能够满足评价工作等级所要求的监测点位布置要求（方位、数量），同时要结合行业特点，参考工艺流程图及主要原辅材料分析其特征污染物，检查所收集资料中监测因子中是否包含了本项目的大气特征污染因子。

案例 4　铝型材料生产项目

【素材】

某公司拟在工业园区新建 6×10^4 t/a 建筑铝型材项目，主要原料为高纯铝锭。生产工艺见图 1。

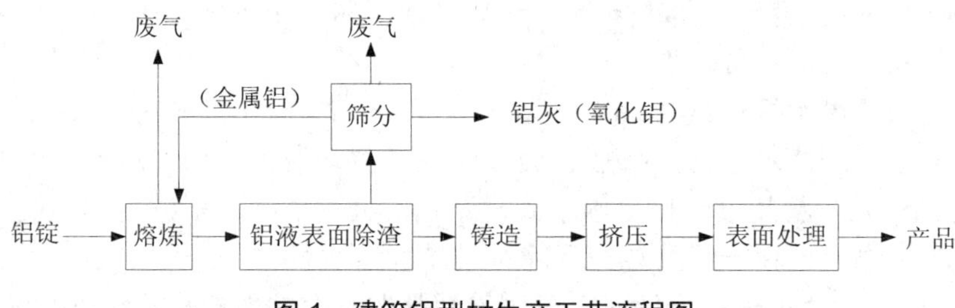

图 1　建筑铝型材生产工艺流程图

采用天然气直接加热方式进行铝锭熔炼，熔炼废气产生量 7 000 m^3/h，烟尘初始质量浓度 350 mg/m^3，经除尘净化后排放，除尘效率 70%；筛分废气产生量 15 000 m^3/h，粉尘初始质量浓度 1 100 mg/m^3，经除尘净化后排放，除尘效率 90%；排气筒高度均为 15 m。

表面处理生产工艺为：工件→脱脂→水洗→化学抛光→水洗→除尘→水洗→阳极氧化→水洗→电解着色→水洗→封孔→水洗→晾干。表面处理工序各槽液主要成分见表 1。表面处理工序有酸雾产生，水洗工段产生清洗废水。拟设化学沉淀处理系统处理电解着色水洗工段的清洗废水。

表 1　表面处理工序各槽液主要成分

工段	槽液成分
脱脂	硫酸 150～180 g/L
化学抛光	硫酸 150～180 g/L，磷酸 700～750 g/L，硝酸 25～30 g/L，硝酸铜 0.1～0.24 g/L
除灰	硫酸 150～180 g/L，少量硝酸
阳极氧化	硫酸 150～180 g/L，少量硫酸铝

工段	槽液成分
电解着色	硫酸 15～18 g/L，$NiSO_4·6H_2O$ 20～25 g/L
封孔	$NiF_2·4H_2O$ 5～6 g/L

（注：《大气污染物综合排放标准》（GB 16297—1996）规定：15 m 高排气筒颗粒物最高允许排放质量浓度为 120 mg/m^3，最高允许排放速率为 3.5 kg/h。《工业炉窑大气污染物排放标准》（GB 9078—1996）规定：15 m 高排气筒粉尘排放限值 100 mg/m^3。）

【问题】

1．评价熔炼炉、筛分室废气烟尘排放达标情况。

2．识别封孔水洗工段的清洗废水主要污染因子。

3．针对脱脂、除灰、阳极氧化水洗工段的清洗废水，提出适宜的废水处理方案。

4．给出表面处理工序酸雾废气的净化措施。

5．给出电解着色水洗工段的清洗废水处理系统产生污泥处置的基本要求。

【参考答案】

1．评价熔炼炉、筛分室废气烟尘排放达标情况。

答：（1）熔炼炉烟尘排放质量浓度=350×（1−70%）=105 mg/m^3。熔炼炉执行《工业炉窑大气污染物排放标准》，排气筒高度 15 m 时排放质量浓度限值为 100 mg/m^3，故不达标。

（2）筛分室废气烟尘排放质量浓度=1 100×（1−90%）=110 mg/m^3，排放速率=110×15 000×10^{-6}=1.65 kg/h。筛分室大气排放执行《大气污染物综合排放标准》，排气筒 15 m 时排放质量浓度限值为 120 mg/m^3，最高允许排放速率为 3.5 kg/h，故筛分室废气排放达标。

2．识别封孔水洗工段的清洗废水主要污染因子。

答：pH、镍、氟化物。

3．针对脱脂、除灰、阳极氧化水洗工段的清洗废水，提出适宜的废水处理方案。

答：脱脂、除灰、阳极氧化废水均为酸性废液，采用碱性中和法处理。

4．给出表面处理工序酸雾废气的净化措施。

答：碱液吸收或洗涤。

5．给出电解着色水洗工段的清洗废水处理系统产生污泥处置的基本要求。

答：电解着色工艺废水含有高浓度重金属 Ni，处理后进入污泥中，污泥属于危险废物，应委托有资质单位处理，场内临时贮存设施应符合《危险废物临时贮存污染控制标准》(GB 18596—2001)的要求。

【考点分析】

本案例是根据 2014 年案例分析试题改编而成的。这道题目涉及的考点很多，需要考生综合把握。

1. 评价熔炼炉、筛分室废气烟尘排放达标情况。

《环境影响评价案例分析》考试大纲中“二、项目分析（3）评价污染物达标排放情况”。

本题熔炼炉废气执行《工业炉窑大气污染物排放标准》，筛分室废气执行《大气污染物综合排放标准》。工业炉窑没有排放速率的规定，但除了浓度的规定外，还须考虑排气筒高度的情况。本题考虑到项目处于工业园区的条件，一般按排气筒周边 200 m 范围内建筑物高度满足要求考虑。

2. 识别封孔水洗工段的清洗废水主要污染因子。

《环境影响评价案例分析》考试大纲中“二、项目分析（1）分析建设项目施工期和运营期环境影响的因素和途径，识别产污环节、污染因子和污染物特性，核算物耗、水耗、能耗和主要污染物源强”。

本题考查考生的污染因子识别能力，可从题干信息分析出，主要为 Ni、F^-、pH。

3. 针对脱脂、除灰、阳极氧化水洗工段的清洗废水，提出适宜的废水处理方案。

《环境影响评价案例分析》考试大纲中“六、环境保护措施分析（1）分析污染控制措施的技术经济可行性”。

环保措施一直是近几年案例分析考试的考点之一，本案例为 2014 年案例分析考试真题，问题 3、4、5 均涉及环保治理措施，请考生务必认真总结废气、废水、噪声、固体废物的污染防治措施。

4. 给出表面处理工序酸雾废气的净化措施。

《环境影响评价案例分析》考试大纲中“六、环境保护措施分析（1）分析污染控制措施的技术经济可行性”。

碱液吸收或洗涤是酸雾净化的常用手段。

5. 给出电解着色水洗工段的清洗废水处理系统产生污泥处置的基本要求。

《环境影响评价案例分析》考试大纲中“二、项目分析（4）分析废物处理处置合理性”和“六、环境保护措施分析（1）分析污染控制措施的技术经济可行性”。

本题考查的是处理含重金属废水产生污泥的处置问题。危险废物处置须按照《危险废物贮存污染控制标准》《危险废物填埋污染控制标准》《危险废物焚烧污染控制标准》等标准要求处置。

案例 5　专用设备制造项目

【素材】

某新建专用设备制造厂，主体工程包括铸造、钢材下料、铆焊、机加、电镀、涂装、装配等车间；公用工程有空压站、变配电所、天然气调压站等；环保设施有电镀车间废水处理站、全厂废水处理站、危险废物暂存仓库、固体废物转运站等。

铸造车间生产工艺流程见图 1。用商品芯砂（含石英砂、酚醛树脂、氯化铵），以热芯盒工艺（200～300℃）生产砂芯；采用商品型砂（含膨润土、石英砂、煤粉）和砂芯经震动成型、下芯制模具，用于铁水浇铸。

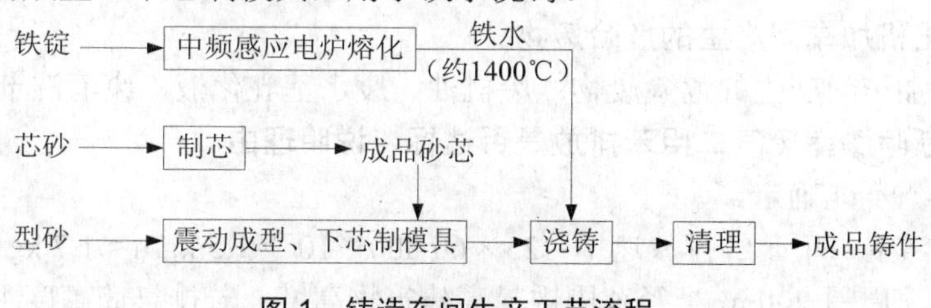

图 1　铸造车间生产工艺流程

铸件清理工部生产性粉尘产生量为 100 kg/h，铸造车间设置通风除尘净化系统，粉尘捕集率 95%，除尘效率 98%。机加车间使用的化学品有水基乳化液（含油类、磷酸钠、消泡水剂、醇类）、清洗剂（含表面活性剂、碱）和机油。

涂装车间设有独立的水旋喷漆室、晾干室和烘干室。喷漆室、烘干室废气参数见表 1。喷漆室废气经 20 m 高排气筒排放，烘干室废气经活性炭吸附处理后由 20 m 高排气筒排放；喷漆室定期投药除渣。

表 1　涂装车间喷漆室、烘干室废气参数

设施名称	废气量/（m^3/h）	废气污染物质量浓度/（mg/m^3）		湿度	温度/℃
		非甲烷总烃	二甲苯		
喷漆室	60 000	50	25	过饱和	25
烘干室	2 000	1 000	500	忽略	100

（注：《大气污染物综合排放标准》（GB 16297—1996）规定：二甲苯允许排放质量浓度限值为 70 mg/m^3；排气筒高度 20 m 时允许排放速率为 1.7 kg/h。）

【问题】

1．指出制芯工部和浇铸工部产生的废气污染物。

2．计算清理工部生产性粉尘有组织排放的排放速率。

3．指出机加车间产生的危险废物。

4．判断喷漆室废气二甲苯排放是否达标，说明理由。

5．针对烘干室废气，推荐一种适宜的处理方式。

【参考答案】

1．指出制芯工部和浇铸工部产生的废气污染物。

答：（1）制芯工部：挥发性酚、酚类、氯化氢、氨气、臭气浓度。

（2）浇铸工部：粉尘、SO_2、NO_x。

2．计算清理工部生产性粉尘有组织排放的排放速率。

答：排放速率=100×95%×（1−98%）=1.9 kg/h。

3．指出机加车间产生的危险废物。

答：机加车间产生的危险废物：废机油、废水基乳化液、废清洗剂。

4．判断喷漆室废气二甲苯排放是否达标，说明理由。

答：（1）不能确定。

（2）喷漆室二甲苯的排放速率：$25\times60\,000\times10^{-6}$=1.5 kg/h＜1.7 kg/h，但，题中未给出排气筒周围 200 m 半径范围内最高建筑物高度，若排气筒高度不满足要求，则排放速率按标准严格 50%后二甲苯排放为不达标。喷漆室 25℃、湿度过饱和条件下，废气浓度（25 mg/m^3）表面上小于 70 mg/m^3，但过饱和状态下水含量不定，不能折算成干气浓度（剔除水分后浓度变大），因此无法判定浓度是否达标。

5．针对烘干室废气，推荐一种适宜的处理方式。

答：先焚烧后用活性炭吸附。烘干室废气成分是非甲烷总烃和二甲苯。非甲烷总烃是有机物，易燃，燃烧产物主要是 CO_2 和水；二甲苯的燃烧热值低，直接燃烧不充分，会剩余较低浓度的苯系物，使用活性炭吸附去除。

【考点分析】

本案例是根据 2013 年案例分析试题改编而成的，需要考生认真体会，综合把握。

1．指出制芯工部和浇铸工部产生的废气污染物。

《环境影响评价案例分析》考试大纲中“二、项目分析（1）分析建设项目施工期和运营期环境影响的因素和途径，识别产污环节、污染因子和污染物特性，核算物耗、水耗、能耗和主要污染物源强”。

本题考点是考查考生对一个行业环境影响识别的能力，类似于本书“二、化工

石化及医药类 案例 7 离子膜烧碱和聚氯乙烯项目”第 5 题和“三、冶金机电类 案例 3 12 万辆/a 汽车改造项目”第 4 题。

2. 计算清理工部生产性粉尘有组织排放的排放速率。

《环境影响评价案例分析》考试大纲中“二、项目分析（1）分析建设项目施工期和运营期环境影响的因素和途径，识别产污环节、污染因子和污染物特性，核算物耗、水耗、能耗和主要污染物源强”。

把握题干关键信息：粉尘产生量 100 kg/h，铸造车间设置通风除尘净化系统，粉尘捕集率 95%，除尘效率 98%。

3. 指出机加车间产生的危险废物。

《环境影响评价案例分析》考试大纲中“二、项目分析（1）分析建设项目施工期和运营期环境影响的因素和途径，识别产污环节、污染因子和污染物特性，核算物耗、水耗、能耗和主要污染物源强”。

把握题干关键信息：机加车间使用的化学品有水基乳化液（含油类、磷酸钠、消泡水剂、醇类）、清洗剂（含表面活性剂、碱）和机油。

本题类似于本书“三、冶金机电类 案例 3 12 万辆/a 汽车改造项目”第 2 题。

4. 判断喷漆室废气二甲苯排放是否达标，说明理由。

《环境影响评价案例分析》考试大纲中“二、项目分析（3）评价污染物达标排放情况”。

二甲苯废气排放达标分析，需考虑三个层面：（1）排放浓度达标；（2）排放速率达标；（3）排气筒高度是否满足要求。

本题类似于本书 “三、冶金机电类 案例 4 铝型材料生产项目”第 1 题。

5. 针对烘干室废气，推荐一种适宜的处理方式。

《环境影响评价案例分析》考试大纲中“六、环境保护措施分析（1）分析污染控制措施的技术经济可行性”。

烘干室废气主要为有机物，有效的处置方法有：燃烧法、活性炭吸附等。

由于甲苯、二甲苯等苯系物的燃烧热值低，直接燃烧不充分。目前，处理含“三苯”有机废气的方法主要有活性炭吸附法、催化燃烧法以及生物处理法三种。

举一反三：

针对类似项目，降低该项目有机废气排放的途径有两个：一是提高清洁生产水平，降低有机溶剂的使用量、提高回收率；二是有效收集有机废气进行净化治理。

有机废气的净化治理方法有：

（1）燃烧法。将废气中的有机物作为燃料烧掉或使其高温氧化，适用于中、高浓度范围的废气净化。

（2）催化燃烧法。在氧化催化剂的作用下，将碳氢化合物氧化分解，适用于各种浓度、连续排放的烃类废气净化。

（3）吸附法。常温下用适当的吸附剂对废气中的有机物进行物理吸附，如活性炭吸附，适用于低浓度的废气净化。

（4）吸收法。常温下用适当的吸收剂对废气中的有机组分进行物理吸收，如碱液吸收等，对废气浓度限制较小，适用于含有颗粒物的废气净化。

（5）冷凝法。采用低温，使有机物组分冷却至其露点以下，液化回收，适用于高浓度而露点相对较高的废气净化。

案例 6 电解铜箔项目

【素材】

某公司拟在工业园区建设电解箔项目，设计生产能力 8.0×10^3 t/a，电解箔生产原料为高纯铜，生产工艺包括硫酸溶铜、电解生箔、表面处理、裁剪收卷。其中表面处理工艺流程见图 1，表面处理工序粗化、固化工段水平衡见图 2。工业园区建筑物高度 10～20 m。

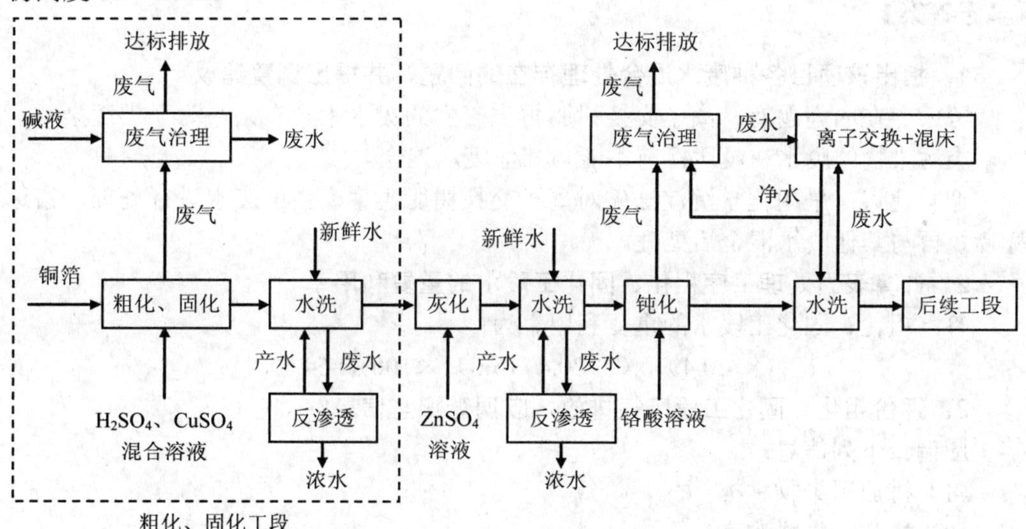

图 1 表面处理工艺流程

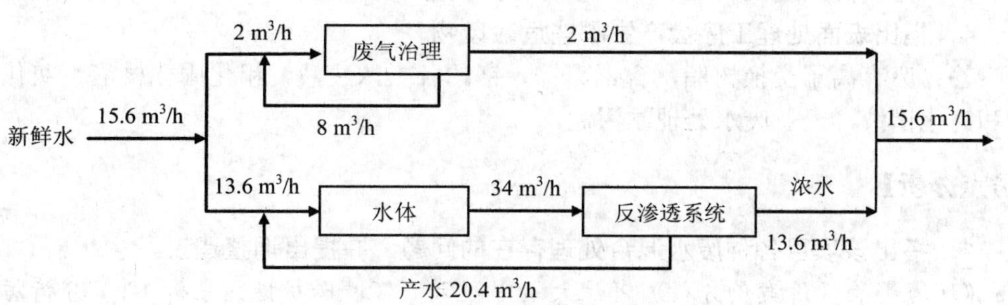

图 2 粗化、固化工段水平衡

粗化、固化工段废气经碱液喷淋洗涤后通过位于车间顶部的排气筒排放，排气筒距地面高 15 m。

拟将表面处理工序产生的反渗透浓水和粗化、固化工段的废气治理废水，以及离子交换树脂再生产生的废水混合后处理。定期更换的粗化固化槽液、灰化槽液和钝化槽液委外处理。

【问题】

1．指出该项目各种废水混合处理存在的问题，并提出调整建议。

2．计算表面处理工序粗化、固化工段水的重复利用率。

3．评价粗化、固化工段废气排放，应调查哪些信息？

4．指出表面处理工序会产生哪些危险废物？

【参考答案】

1．指出该项目各种废水混合处理存在的问题，并提出调整建议。

答：存在的问题有：离子交换树脂再生产生的废水中含有铬，为一类污染物，含一类污染物的废水在没达标前不能与其他废水混合。

调整建议：采用化学沉淀法先对离子交换树脂再生产生的废水进行处理，铬达标后，再与其他废水混合后处理。

2．计算表面处理工序粗化、固化工段水的重复利用率。

答：粗化、固化工段水的重复利用率为：

$$(8+20.4)/(8+20.4+15.6)\times 100\%=64.5\%$$

3．评价粗化、固化工段废气排放，应调查哪些信息？

应调查下列信息：

（1）排放污染物种类；

（2）排放污染物浓度；

（3）污染物排放速率；

（4）排气筒高度及周围 200 m 半径范围内建筑物高度。

4．指出表面处理工序会产生哪些危险废物？

答：废弃离子交换树脂，含铜、锌、铬的各类浓废液，粗化固化槽液，灰化槽渣和钝化槽液，工业废水处理站污泥。

【考点分析】

1．指出该项目各种废水混合处理存在的问题，并提出调整建议。

《环境影响评价案例分析》考试大纲中“六、环境保护措施分析（1）分析污染控制措施的技术经济可行性”。

举一反三：

此问题与“三、冶金机电类 案例 7 新建汽车制造项目”第 2 题大同小异，考点均为《污水综合排放标准》（GB 8978—1996）中有关第一类水污染物的相关规定内容。请一并进行总结分析。

2．计算表面处理工序粗化、固化工段水的重复利用率。

《环境影响评价案例分析》考试大纲中“二、项目分析（1）分析建设项目施工期和运营期环境影响的因素和途径，识别产污环节、污染因子和污染物特性，核算物耗、水耗、能耗和主要污染物源强”。

水重复利用率=重复用水量/（新水量+重复用水量）；

3．评价粗化、固化工段废气排放，应调查哪些信息？

《环境影响评价案例分析》考试大纲中“二、项目分析（3）评价污染物达标排放情况”。

本题的考点类似于“三、冶金机电类 案例 4 铜精矿冶炼厂扩建改造工程”第 2 题和“三、冶金机电类 案例 5 专用设备制造项目”第 4 题。

4．指出表面处理工序会产生哪些危险废物。

《环境影响评价案例分析》考试大纲中“四、环境影响识别、预测与评价（1）识别环境影响因素与筛选评价因子”。

举一反三：

对于危险废物的相关考题，首先应该想到《国家危险废物名录》中常见的危险废物名称及危险废物储存、转运、填埋、焚烧等相关规定，部分考点出自《危险废物填埋污染控制标准》（GB 18598—2001）、《危险废物焚烧污染控制标准》（GB 18484—2001）、《危险废物贮存污染控制标准》（GB 18597—2001）。关于危险废物的其他类似考题见本书“二、化工石化及医药类 案例 6 新建石化项目”中第 3 题。

案例 7 新建汽车制造项目

【素材】

某汽车有限公司拟新建一条汽车生产线，工程总投资 40 亿元人民币，建成后将具备 15 万辆/a 的整车生产能力。厂区位于某开发区内，地形简单，场地基础土层为连续分布的棕黄色粉土，厚度约 2 m，渗透系数 2.4×10^{-5}cm/s，其下为砂、砾卵石层，厚度约 10 m，为该区域主要含水层，但不作为饮用水源。调查表明项目附近区域无村民自建饮用水井。

该项目位于环境空气质量功能二类区，距市中心约 18 km。主要工程内容包括：涂装车间、总装车间、焊装车间、冲压车间等主体工程，以及配套的公用动力、仓库、物流区、办公楼等辅助工程，在新建的涂装车间内还设有烘干炉废气焚烧设施、涂装废水处理设施。

拟建工程废气主要来源于涂装车间有机废气和焊装车间焊接粉尘。涂装车间内，烘干室废气经焚烧处理，喷漆室废气经水旋捕集除漆雾，涂装车间处理后的有机废气采用 55 m 高排气筒集中排放，废气量约 150 万 m^3/h，废气中主要污染物为二甲苯，排放浓度 10 mg/m^3；涂装车间面积 30 000 m^2，有部分二甲苯无组织排放，排放量 0.6 kg/h。焊装车间焊接废气经布袋除尘器过滤净化处理后由 15 m 高排气筒排出室外，废气量约 80 万 m^3/h，CO 浓度约 3 mg/m^3，粉尘浓度约 1.8 mg/m^3。

项目所在开发区有集中污水处理厂收集处理园区内工业和生活污水。该项目生产工艺废水主要来自涂装车间，包括脱脂清洗废水、磷化清洗废水、电泳清洗废水和喷漆废水，排放量约 710 m^3/d；经涂装车间预处理后，涂装车间排水中 COD 约 100 mg/L，BOD_5 约 20 mg/L，SS 约 45 mg/L，石油类浓度约 1.5 mg/L，总镍浓度约 1.1 mg/L，六价铬浓度约 0.4 mg/L。其他工艺废水约 135 m^3/d，COD 约 80 mg/L，石油类浓度约 1.5 mg/L。生活污水约 220 m^3/d，COD 约 350 mg/L，BOD_5 约 280 mg/L，SS 约 250 mg/L。上述预处理后的涂装废水与其他工艺废水、生活污水混合，通过市政管网进入开发区污水处理厂，处理达标后排入湖泊。受纳湖泊主要功能为工业、航运、距厂区约 200 m，与厂区地下水水力联系较密切。设备冷却水采用循环水系统，焊装车间焊机冷却水站、制冷站、空压站及扩建冲压车间循环水系统因工艺需要而溢流出来的循环冷却水，排放量约为 1 034 m^3/d，其中基本无污染物，直接排入雨水管网。项目水平衡图见附 1。

【问题】

1．该项目排入开发区污水处理厂的废水水质执行污水综合排放标准三级标准（COD 500 mg/L、BOD 300 mg/L、SS 400 mg/L、石油类 20 mg/L、总镍 1.0 mg/L、六价铬 0.5 mg/L），请评价该项目废水是否达标排放。为确保该项目污水达标排放，主要应监控哪些污染因子？请给出监测点位建议。

2．根据附 1 中该项目水平衡图，计算项目工艺水回用率、间接冷却水循环率、全厂水重复利用率。

3．根据附 2 中《大气污染物综合排放标准》，计算该项目二甲苯最高允许排放速率（kg/h），并分析该项目二甲苯有组织排放是否满足排放标准要求。

4．给出扩建工程环境空气质量现状监测及评价的特征因子。

附 1：项目水平衡图（图 1）。

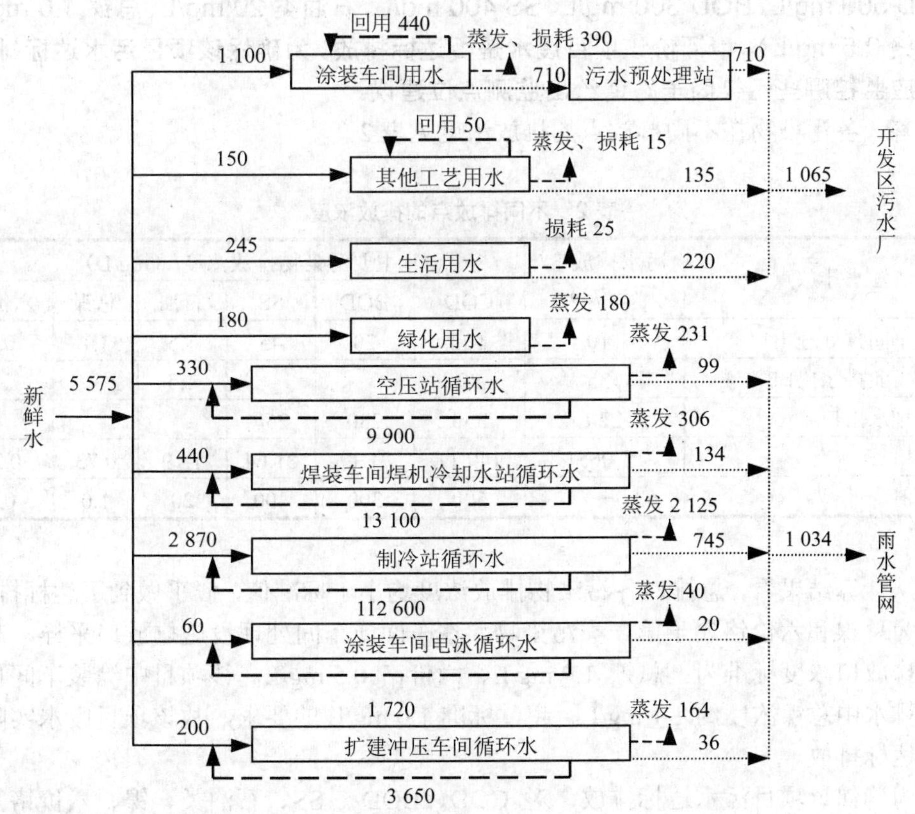

图 1 项目水平衡

附 2：《大气污染物综合排放标准》（GB 16297—1996）（表 1，节选）。

表 1　新污染源大气污染物排放限值（节选）

序号	污染物	最高允许排放浓度/（mg/m^3）	最高允许排放速率/（kg/h）			无组织排放监控浓度限值	
			排气筒/m	二级	三级	监控点	浓度/（mg/m^3）
17	二甲苯	70	15	1.0	1.5	周界外浓度最高点	1.2
			20	1.7	2.6		
			30	5.9	8.8		
			40	10	15		

【参考答案】

1．该项目排入开发区污水处理厂的废水水质执行污水综合排放标准三级标准（COD 500 mg/L、BOD 300 mg/L、SS 400 mg/L、石油类 20 mg/L、总镍 1.0 mg/L、六价铬 0.5 mg/L），请评价该项目废水是否达标排放。为确保该项目污水达标排放，主要应监控哪些污染因子？请给出监测点位建议。

答：各污染物在不同排放点的排放浓度见表 2。

表 2　不同排放点的排放浓度

污水排放点	污水排放量/（m^3/d）	主要污染物排放浓度/（mg/L）					
		COD	BOD	SS	石油	总镍	六价铬
涂装车间预处理出口	710	100	20	45	1.5	1.1	0.4
其他工业排水出口	135	80			1.5		
生活排水出口	220	350	280	250			
总排口	1 065	149.11	71.17	81.64	1.19	0.73	0.27
标准值	—	500	300	400	20	1.0	0.5

从计算结果看，总排口各污染物排放浓度均小于标准值，似乎做到了达标排放，但因为总镍和六价铬属于第一类污染物，在车间或车间处理设施排放口采样，其中车间排放口浓度标准为：总镍 1.0 mg/L、六价铬 0.5 mg/L。该项目中涂装车间预处理后排水中总镍浓度约 1.1 mg/L、超过标准 1.0 mg/L 的要求，故该项目废水实际上没有达标排放。

为确保该项目污水达标排放，对 COD、BOD_5、SS、石油类、镍、六价铬等污染因子均需进行监控。其中镍、六价铬必须在涂装车间预处理后设监测点进行监测，以确保车间口达标；其余的 COD、BOD_5、SS、石油类等因子可仅在总排口设监测点进行监测；为了解涂装车间预处理效果，也可在涂装车间预处理前后分别设监测点位对各污染因子进行检测，以确定处理效率。

2. 根据附 1 中该项目水平衡图，计算项目工艺水回用率、间接冷却水循环率、全厂水重复利用率。

答：工艺水回用＝440+50＝490 m^3/d

工艺水取水量＝1 100+150＝1 250 m^3/d

间接冷却水循环量＝9 900+13 100+112 600+1 720+3 650＝140 970 m^3/d

间接冷却取水量＝330+440+2 870+60+200＝3 900 m^3/d

（1）工艺水回用率＝100%×工艺水回用量/工艺水用水量

＝100%×工艺水回用量/（工艺水取水量+工艺水回用量）

＝100%×490/（12 50+490）＝28.16%

（2）间接冷却水循环率＝100%×间接冷却水循环量/间接冷却水用水量

＝100%×间接冷却水循环量/（间接冷却取水量+间接冷却水循环量）

＝100%×140 970/（3 900+140 970）

＝97.31%

（3）全厂水重复利用率＝100%×全厂水重复利用量/全厂用水量

＝100%×全厂水重复利用量/（全厂取水量+全厂水重复利用量）

＝100%×（工艺水回用量+间接冷却水循环量）/

（全厂取水量+工艺水回用量+间接冷却水循环量）

＝100%×（490+140 970）/（5 575+490+140 970）

＝96.21%

3. 根据附 2 中《大气污染物综合排放标准》，计算该项目二甲苯最高允许排放速率（kg/h），并分析该项目二甲苯有组织排放是否满足排放标准要求。

答：该项目位于环境空气质量功能二类区，应执行《大气污染物综合排放标准》（GB 16297—1996）二级排放标准：二甲苯最高允许排放浓度为 70 mg/m^3；因排气筒高度 55 m，高于表 2 所列排气筒高度的最高值 40 m，用外推法计算其最高允许排放速率：

项目排气筒的最高允许排放速率＝表列排气筒最高高度对应的最高允许排放速率×（排气筒的高度/表列排气筒的最高高度）^{2}＝10×（55/40）^{2}＝18.91 kg/h。

该项目涂装车间二甲苯有组织排放废气量 150 万 m^3/h，排放浓度 10 mg/m^3，小于标准要求的 70 mg/m^3，计算其排放速率为 10×1 500 000/1 000 000＝15 kg/h，小于标准要求的 18.91 kg/h，故该项目二甲苯有组织排放可满足二级排放标准要求。

4. 给出扩建工程环境空气质量现状监测及评价的特征因子。

答：甲苯、二甲苯、非甲烷总烃、焊接粉尘。

【考点分析】

1. 该项目排入开发区污水处理厂的废水水质执行《污水综合排放标准》三级标准（COD 500 mg/L、BOD5 300 mg/L、SS 400 mg/L、石油类 20 mg/L、总镍 1.0 mg/L、六价铬 0.5 mg/L），请评价该项目废水是否达标排放。为确保该项目污水达标排放，主要应监控哪些污染因子？请给出监测点位建议。

《环境影响评价案例分析》考试大纲中“六、环境保护措施分析（1）分析污染控制措施的技术经济可行性；（3）制订环境管理与监测计划”。

举一反三：

《污水综合排放标准》（GB 8978—1996）规定：

> 4.2.1 本标准将排放的污染物按其性质及控制方式分为两类。
>
> 4.2.1.1 第一类污染物：不分行业和污水排放方式，也不分受纳水体的功能类别，一律在车间或车间处理设施排放口采样，其最高允许排放浓度必须达到本标准要求（采矿行业的尾矿坝出水口不得视为车间排放口）。
>
> 4.2.1.2 第二类污染物：在排污单位排放口采样，其最高允许排放浓度必须达到本标准要求。

应熟悉该标准中第一类污染物名称，了解其标准值，具体见该标准表 1。

表 1 第一类污染物最高允许排放浓度 单位：mg/L

序号	污染物	最高允许排放浓度
1	总汞	0.05
2	烷基汞	不得检出
3	总镉	0.1
4	总铬	1.5
5	六价铬	0.5
6	总砷	0.5
7	总铅	1.0
8	总镍	1.0
9	苯并[*a*]芘	0.000 03
10	总铍	0.005
11	总银	0.5
12	总α放射性	1 Bq/L
13	总β放射性	10 Bq/L

2. 根据附 1 中该项目水平衡图，计算项目工艺水回用率、间接冷却水循环率、全厂水重复利用率。

《环境影响评价案例分析》考试大纲中“二、项目分析（1）分析建设项目施工期和运营期环境影响的因素和途径，识别产污环节、污染因子和污染物特性，核算物耗、水耗、能耗和主要污染物源强”。

清洁生产专题应重点阐述拟建项目生产工艺和技术来源，评价工艺技术与装备水平的先进性。分别给出单位产品物耗、能耗、水耗、污染物产生量、污染排放量以及全厂水的重复利用率等指标，体现循环经济理念，量化评价项目的清洁生产水平，由此提出提高清洁生产水平的措施及方案。本题主要考查新水用量指标的计算，但对其他指标的计算方法也应有所了解。

3. 根据附 2 中《大气污染物综合排放标准》，计算该项目二甲苯最高允许排放速率（kg/h），并分析该项目二甲苯有组织排放是否满足排放标准要求。

《环境影响评价案例分析》考试大纲中“四、环境影响识别、预测与评价（2）选用评价标准”。

举一反三：

熟悉《大气污染物综合排放标准》（GB 16297—1996）中关于最高允许排放速率计算的规定：

> 7.3 若某排气筒的高度处于本标准列出的两个值之间，其执行的最高允许排放速率以内插法计算，内插法的计算式见本标准附录 B；当某排气筒的高度大于或小于本标准列出的最大或最小值时，以外推法计算其最高允许排放速率，外推法计算式见本标准附录 B。
>
> 7.4 新污染源的排气筒一般不应低于 15 m。若新污染源的排气筒必须低于 15 m，其排放速率标准值按 7.3 的外推计算结果再严格 50%执行。
>
> 附录 B（标准的附录）确定某排气筒最高允许排放速率的内插法和外推法
>
> B1 某排气筒高度处于表列两高度之间，用内插法计算其最高允许排放速率，按下式计算：
>
> $$Q=Q_a+(Q_{a+1}-Q_a)(h-h_a)/(h_{a+1}-h_a)$$
>
> 式中：Q——某排气筒最高允许排放速率；
>
> Q_a——比某排气筒低的表列限值中的最大值；
>
> Q_{a+1}——比某排气筒高的表列限值中的最小值；
>
> h——某排气筒的几何高度；
>
> h_a——比某排气筒低的表列高度中的最大值；
>
> h_{a+1}——比某排气筒高的表列高度中的最小值。

B2 某排气筒高度高于本标准表列排气筒高度的最高值，用外推法计算其最高允许排放速率。按下式计算：

$$Q=Q_b\ (h/h_b)^2$$

式中：Q——某排气筒的最高允许排放速率；

Q_b——表列排气筒最高高度对应的最高允许排放速率；

h——某排气筒的高度；

h_b——表列排气筒的最高高度。

B3 某排气筒高度低于本标准表列排气筒高度的最低值，用外推法计算其最高允许排放速率，按下式计算：

$$Q=Q_c\ (h/h_c)^2$$

式中：Q——某排气筒的最高允许排放速率；

Q_c——表列排气筒最低高度对应的最高允许排放速率；

h——某排气筒的高度；

h_c——表列排气筒的最低高度。

4．给出扩建工程环境空气质量现状监测及评价的特征因子。

《环境影响评价案例分析》考试大纲中“四、环境影响识别、预测与评价（1）识别环境影响因素与筛选评价因子”。

案例 8 铜精矿冶炼厂扩建改造工程

【素材】

某有限公司为大幅度降低吨铜成本、增加效益、充分挖掘潜力和利用闪速炉首次冷修的良机，决定进行扩建改造工程，将铜的产量由 15 万 t/a 提高到 21 万 t/a。其中：阳极铜产量由 15 万 t/a 提高到 21 万 t/a，其中，19 万 t/a 阳极铜生产阴极铜，2 万 t/a 阳极铜作为产品直接外销；阴极铜产量由 15 万 t/a 提高到 19 万 t/a；硫酸（100%硫酸）产量由 49.5 万 t/a 提高到 63.4 万 t/a。

改扩建工程内容包括闪速炉熔炼工序、贫化电炉及渣水淬工序、吹炼工序、电解精炼工序、硫酸工序五个工序的改扩建。

扩建改造工程完成后，硫的回收率由 95.15%增至 95.5%，SO_2 排放量由 2 131 t/a 降至 1 948 t/a，烟尘排放量由 139.7 t/a 降至 133 t/a；废水排放总量为 375.4 万 t/a，废水中主要污染物为 Cu、As、Pb。工业水循环率由 91.7%增至 92.5%。

改扩建工程完成后，生产过程中的废气主要来源于干燥尾气、环保集烟烟气（通过环保集烟罩收集闪速炉等冶金炉的泄漏烟气）、阳极炉烟气、制酸脱硫尾气 4 个高架排放源。其污染源主要污染物排放情况见表 1。

表 1 污染源主要污染物排放情况

污染源	烟囱尺寸		烟气出口温度/℃	烟气量/(m^3/h)	烟尘质量浓度/(mg/m^3)	SO_2 质量浓度/(mg/m^3)
	H/m	Φ/mm				
干燥尾气	120	2 000	60	91 988	84	777
环保集烟烟气	120	3 000	66	94 200	100	714
阳极炉烟气	70	2 200	350	91 799	—	662
硫酸脱硫尾气	90	1 800	40	187 926.8	—	285

项目冶炼过程中产生水淬渣、转炉渣；污酸、酸性废水处理过程中产生含砷渣、石膏、中和渣。中和渣浸出试验结果见表 2。

表 2 中和渣浸出试验结果 单位：mg/L

元素	Cu	Pb	Zn	Cd	As
浸出结果	0.035	0.25	0.64	0.15	0.034

环评机构判定本项目地下水环境影响评价工作等级为一级，在现状调查及评价阶段，评价机构按照《环境影响评价技术导则　地下水环境》（HJ 610—2016）要求先后开展了评价区环境水文地质条件调查、场地水文地质条件调查和地下水环境质量现状监测及评价工作。

【问题】

1．计算环境空气评价等级、确定评价范围和环境空气现状监测点数。各污染源SO_2最大地面浓度及距离详见表3。

表3　SO_2最大地面浓度及距离

污染源	最大地面浓度/（mg/m³）	最大地面距离/m	$D_{10\%}$/m
干燥尾气	0.117 6	754	3 500
环保集烟烟气	0.109 2	765	2 800
阳极炉烟气	0.037 38	1 100	—
硫酸脱硫尾气	0.092 4	717	2 200

2．干燥尾气、环保集烟烟气、硫酸脱硫尾气是否达标排放？

3．全年工作时间为8 000 h，问项目是否满足SO_2总量控制要求？

4．根据浸出试验结果，说明中和渣是否为危险废物。运营期固体废物应如何处置？

5．环评机构在现状调查及评价阶段，现已开展工作是否满足要求？说明理由。

【参考答案】

1．计算环境空气评价等级、确定评价范围和环境空气现状监测点数。

答：环境空气评价等级：

根据《环境影响评价技术导则　大气环境》（HJ 2.2）中评价等级的确定依据，再根据表3计算可得（表4）：

表4　污染源最大地面浓度和地面浓度占标率

污染源	最大地面浓度/（mg/m³）	地面浓度占标率/%
干燥尾气	0.117 6	23.52
环保集烟烟气	0.109 2	21.84
阳极炉烟气	0.037 38	7.48
硫酸脱硫尾气	0.092 4	18.48

该项目 SO_2 最大地面浓度占标率为 23.52%，该项目评价等级为二级。

评价范围：$2D_{10\%}$为边长的矩形作为大气环境评价范围，该项目评价范围为边长 7 km 的矩形范围。

监测布点数：根据《环境影响评价技术导则 大气环境》，二级评价项目环境空气现状监测点数不应小于6个。

2．干燥尾气、环保集烟烟气、硫酸脱硫尾气是否达标排放？

答：干燥尾气、环保集烟烟气、硫酸脱硫尾气排放浓度和速率计算结果见表 5。

表 5 污染源主要污染物排放浓度和速率计算结果

污染源	烟囱尺寸 H/m	烟气量/（m^3/h）	烟 尘		SO_2	
			质量浓度/（mg/m^3）	速率/（kg/h）	质量浓度/（mg/m^3）	速率/（kg/h）
干燥尾气	120	91 988	84	7.73	777	71.5
环保集烟烟气	120	94 200	100	9.42	714	67.3
阳极炉烟气	70	91799	—	—	662	60.7
硫酸脱硫尾气	90	187 926.8	—	—	285	53.5

根据《铜、镍、钴工业污染物排放标准》（GB 25467—2010），改扩建企业铜冶炼烟气 SO_2 最高允许排放质量浓度为 400 mg/m^3；颗粒物最高允许排放质量浓度为 80 mg/m^3。排气筒高于 15 m 且 200 m 范围内有建筑物时，须高出建筑物 3 m，否则污染物排放浓度限值严格 50%执行。干燥尾气、阳极炉烟气、环保集烟烟气排放浓度和排放速率均高于《铜、镍、钴工业污染物排放标准》（GB 25467—2010）排放限值，烟气排放不达标。由于周边建筑高度不确定，制酸脱硫尾气排放是否达标不能确定。

3．全年工作时间为 8 000 h，问项目是否满足 SO_2 总量控制要求？

答：该项目 SO_2 年排放量为：

（71.5+67.3+60.7+53.5）×8 000=2 024 000 kg=2 024 t

该项目 SO_2 总量指标为 2 050 t，年 SO_2 排放量为 2 024 t，满足 SO_2 总量控制要求。

4．根据浸出试验结果，说明中和渣是否为危险废物。运营期固体废物应如何处置？

根据《危险废物鉴别标准 浸出毒性鉴别》（GB 5085.3—2007），重金属铜、铅等浸出标准见表 6。中和渣浸出试验重金属浸出浓度均低于鉴别标准，中和渣为一般固体废物。

表6 浸出毒性标准 单位：mg/L

元素	Cu	Pb	Zn	Cd	As
鉴别标准	100	5	100	1	5

运营期工业固体废物有水淬渣、转炉渣、中和渣、石膏、砷滤渣等。根据《国家危险废物名录》，砷滤渣属危险废物，水淬渣、转炉渣、石膏属一般废物。中和渣无明确规定，中和渣浸出试验结果表明，该渣为一般废物。

水淬渣、转炉渣、中和渣、石膏按一般工业固体废物贮存、处置场污染控制标准进行贮存和处置，优先考虑综合利用、不能综合利用的进行堆场堆存。

砷滤渣：按照危险废物贮存污染控制标准进行贮存。砷滤渣堆存所排废水进入污水处理站处理，不直接外排。砷滤渣经移出地和接收地环保部门批准，现已与有关厂家签订销售合同将砷铜厂原料外售。

5. 环评机构在现状调查及评价阶段，现已开展工作是否满足要求？说明理由。

答：（1）不满足；

（2）该项目为扩建改造项目，地下水环境影响评价工作等级为一级，根据《环境影响评价技术导则 地下水环境》（HJ 610—2016），还应开展地下水污染源调查工作，地下水污染源调查应包括两方面：①调查评价区内具有与建设项目产生或排放同种特征因子的地下水污染源；②在现有工程区的可能造成地下水污染的主要装置或设施附近开展包气带污染现状调查。对包气带进行分层采样，样品进行浸溶试验，测试分析浸溶液成分。

【考点分析】

1. 计算环境空气评价等级、确定评价范围和环境空气现状监测点数。

《环境影响评价案例分析》考试大纲中“三、环境现状调查与评价（2）制定环境现状调查与监测方案；四、环境影响识别、预测与评价（3）确定评价工作等级和评价范围”。

本题主要考查环评人员对《环境影响评价技术导则 大气环境》的掌握和应用情况。按《环境影响评价技术导则 大气环境》规定确定评价等级、范围和大气监测布点数。

举一反三：

环评中，在计算水、声、生态的评价等级，确定评价范围和监测布点时，要注意对水体、声环境、生态功能的调查，并要掌握水、声所执行的环境质量标准，这样才能客观确定相应的评价等级。

2. 干燥尾气、硫酸脱硫尾气、环保集烟烟气是否达标排放？

《环境影响评价案例分析》考试大纲中“六、环境保护措施分析（1）分析污染控制措施的技术经济可行性”。

本题主要考查环评人员能否针对冶金项目污染源排放情况，根据污染物排放标准，核实污染源污染物是否达标排放。判断大气污染物是否达标排放，不仅要考虑排放浓度，还要考虑排气筒高度的排放速率。

对闪速炉、转炉、铸渣机、沉渣机和阳极炉等系统的烟气泄漏点或散发点布置集烟罩，将泄漏烟气收集经环保烟囱排放。环保集烟烟囱不仅收集闪速炉、转炉冶炼炉的泄漏烟气，同时也收集铸渣机、沉渣机等散发点的烟气，主要解决低空污染问题。

3.全年工作时间为 8 000 h，问项目是否满足 SO_2 总量控制要求？

《环境影响评价案例分析》考试大纲中删除了分析“分析重点污染物排放总量控制对策的适用性”的相关要求，但污染物排放总量的核算依然为考试重点之一。

4. 根据浸出试验结果，说明中和渣是否为危险废物。运营期固体废物应如何处置？

《环境影响评价案例分析》考试大纲“六、环境保护措施分析（1）分析污染控制措施的技术经济可行性”。

铜冶炼所产生的大部分工业固体废物均可作为建材、炼铁的原料，对铜冶炼项目所产生的工业固体废物的处置首先应考虑对其进行综合利用，如铜冶炼渣采用浮选，首先回收铜冶炼渣中的铜，然后再考虑无害化处置。

举一反三：

重有色金属冶炼所用原料大部分为硫化矿，工业固体废物处置重点关注污酸和酸性废水处理产生的含砷渣，一般含砷渣为危险废物，临时堆场或堆场应考虑防渗措施、雨季淋溶水收集等。对于外销，需经移出地和接收地环保部门批准才行。

5. 环评机构在现状调查及评价阶段，现已开展工作是否满足要求？说明理由。

《环境影响评价案例分析》考试大纲中“三、环境现状调查与评价（2）制定环境现状调查与监测方案”。

地下水污染源调查是地下水环境现状调查与评价的重要组成内容，根据《环境影响评价技术导则　地下水环境》（HJ 610—2016）的要求，对于“对于一级、二级的改、扩建项目”，不但要调查“调查评价区内具有与建设项目产生或排放同种特征因子的地下水污染源”，还要在现有工程区域内“可能造成地下水污染的主要装置或设施附近开展包气带污染现状调查”。对包气带进行分层取样，一般在 0～20 cm 埋深范围内取一个样品，其他取样深度应根据污染源特征和包气带岩性、结构特征等确定，并说明理由。样品进行浸溶试验，测试分析浸溶液成分。

冶金机电类案例小结

冶金机电类与轻工纺织化纤类、化工石化及医药类同属于污染型案例，常涉及喷涂、电镀、锻造等工段，其考查的知识点及考查方式也比较一致，主要为工程分析、环保措施的知识点考查，近年还考查了环境质量现状监测方面的知识点。只要考生全面复习，掌握了《环境影响评价技术导则与标准》的考点，结合案例题干信息认真分析，就应该比较容易得分。

历年环评案例考试中冶金机电类的考查内容主要如下：

(1) 废水、废气中的特征污染因子的考查：根据题干信息及工艺流程图判断，从反应添加的原料、溶剂，题干给出的产品中去找。

(2) 废气达标排放评价。

(3) 废水的处置措施合理性分析。

①坚持“清污分流、污污分流、分质处理”的原则。

②第一类污染物要求车间或车间处理设施排放口达标。

(4) 废气的处理，有机废气、含酸雾废气的处理方法。

(5) 固体废物性质的判断及其处置措施合理性的分析。

①冶金机电行业工业废水含重金属，废水处理站污泥常为危险废物。

②危险废物处置要求。

(6) 环境质量现状监测方案。

(7) 与园区规划（环评）符合性分析。

四、建材火电类

案例 1　生活垃圾焚烧项目

【素材】

某市拟在城市东北郊区新建 1 座日处理能力为 1 000 t 的生活垃圾焚烧电厂。工程建设内容包括 2×500 t/d 的垃圾焚烧炉（机械炉排炉）、垃圾贮坑、焚烧发电系统、烟气净化系统、污水处理站等，年运行 333 d，每天运行 24 h。入炉生活垃圾含有 C、H、O、N、S、Cl 等元素及微量重金属，其中含硫率为 0.06%，燃烧过程中 S 元素转化为 SO_2 的份额为 80%。

该厂拟采用“炉内低氮燃烧+急冷+半干法烟气净化+活性炭吸附+布袋除尘”工艺处理焚烧烟气，烟气排放量为 1.024×10^5 m^3/h，设计脱硫效率为 80%，处理后的烟气由高 100 m 的烟囱排放；垃圾贮坑的气体收集后送垃圾焚烧炉燃烧处理；拟建厂内污水处理站处理垃圾渗滤液、卸料大厅清洗废水、循环冷却水和厂区生活污水，设计出水达到《污水综合排放标准》（GB 8978—1996）二级标准，废水处理达标后就近排入 A 河；焚烧炉渣定期外运至砖厂制砖，焚烧飞灰固化处理后送城市生活垃圾填埋场分区填埋，污水处理站污泥脱水后送垃圾焚烧炉焚烧处理。

拟建厂址位于城市东北部，距城市规划区约 4 km。城区至厂址公路途经 B 村庄，厂址与 B 村庄相距 1.5 km，距厂址东侧 800 m 有 A 河由北向南流过。A 河城市市区河段上游水环境功能为Ⅲ类，市区河段水环境功能为Ⅳ类，现状水环境质量达标。

（注：《生活垃圾焚烧污染控制标准》（GB 18485—2001）中规定，焚烧炉的 SO_2 排放限值为 260 mg/m^3。）

【问题】

1．分别指出垃圾临时贮存、焚烧过程中产生的主要废气污染物。

2．评价该厂 SO_2 排放达标状况。

3．针对该厂污水处理方案存在的缺陷，提出相应的改进建议。

4．判定该厂产生固体废物的类别，并分析处理方案的合理性。

【参考答案】

1. 分别指出垃圾临时贮存、焚烧过程中产生的主要废气污染物。

答：(1) 垃圾临时贮存主要废气污染物包括：硫化氢、氨、甲硫醇、臭气浓度。

(2) 垃圾焚烧主要废气污染物包括：烟尘、二氧化硫、氮氧化物、氯化氢、二噁英、重金属。

2. 评价该厂 SO_2 排放达标状况。

答：SO_2 排放质量浓度 $=2\times500\times10^9/24\times0.06\%\times0.8\times2\times0.2\div(1.024\times10^5)=78.1\ mg/m^3$，符合 GB 18485—2001 限值要求，排放达标。

3. 针对该厂污水处理方案存在的缺陷，提出相应的改进建议。

答：(1) 缺陷：循环冷却水进入污水处理厂处理；改进：循环冷却水应重复使用，不外排。

(2) 缺陷：设计出水水质为 GB 8978—1996 二级标准；改进：由于出水排入 A 河段为Ⅲ类水体，应该将设计出水水质提高到 GB 8978—1996 一级标准。

4. 判定该厂产生固体废物的类别，并分析处理方案的合理性。

答：(1) 焚烧炉渣，属于一般Ⅰ类工业固体废物，外运至砖厂制砖，方案合理。

(2) 焚烧飞灰，属于危险废物，固化后送垃圾填埋场分区填埋，方案不合理。

(3) 污泥，脱水后送垃圾焚烧炉焚烧处置，方案不合理。

【考点分析】

本案例是根据 2014 年案例分析试题改编而成，需要考生认真体会，综合把握。

1. 分别指出垃圾临时贮存、焚烧过程中产生的主要废气污染物。

《环境影响评价案例分析》考试大纲中“二、项目分析（1）分析建设项目施工期和运营期环境影响的因素和途径，识别产污环节、污染因子和污染物特性，核算物耗、水耗、能耗和主要污染物源强”。

本题考点是考查考生对垃圾焚烧行业环境影响识别的能力。

垃圾贮存主要废气污染物：硫化氢、氨、甲硫醇、臭气浓度。

焚烧主要废气污染物：烟尘、二氧化硫、氮氧化物、氯化氢、二噁英、重金属。

2. 评价该厂 SO_2 排放达标状况。

《环境影响评价案例分析》考试大纲中“二、项目分析（3）评价污染物达标排放情况”。

废气排放达标分析，需考虑三个层面的问题：(1) 排放浓度是否达标；(2) 排放速率是否达标；(3) 排气筒高度是否满足要求。

本题类似于 三、冶金机电类“案例 7　新建汽车制造项目”第 4 题，“案例 4　铝型材料生产项目”第 1 题和“案例 5　专用设备制造项目”第 4 题。

3．针对该厂污水处理方案存在的缺陷，提出相应的改进建议。

《环境影响评价案例分析》考试大纲中“六、环境保护措施分析（1）分析污染控制措施的技术经济可行性”。

本题为废水治理措施题，污水处理需考虑分质处理，污水排放需达标。该题与本书“二、化工石化及医药类　案例 5　园区化学原料药项目”第 4 题类似和“二、化工石化及医药类 案例 6　新建石化项目”第 2 题 。

4．判定该厂产生固体废物的类别，并分析处理方案的合理性。

《环境影响评价案例分析》考试大纲中“二、项目分析（1）分析建设项目施工期和运营期环境影响的因素和途径，识别产污环节、污染因子和污染物特性，核算物耗、水耗、能耗和主要污染物源强”和“六、环境保护措施分析（1）分析污染控制措施的技术经济可行性”。

垃圾焚烧炉渣属于一般 I 类工业固体废物；焚烧飞灰属于危险废物。

污泥因含水率高不适合焚烧处理。

案例 2　煤矸石电厂项目

【素材】

某煤化公司位于北方山区富煤地区，周围煤矿密集，在煤洗选生产过程中，产出中煤和煤矸石约 100 万 t/a，且周围现存煤矸石有 600 万 t/a 以上。该公司决定利用当地的煤矸石、中煤，安装 4 台超高压 135 MW 双缸双排气凝汽式直接空冷汽轮发电机组和 4 台 480 t/h 循环流化床锅炉。

该自备电厂设计煤种配比为煤矸石∶中煤＝22∶78，校核煤种的配比为煤矸石∶中煤＝30∶70，根据煤质检测报告，煤矸石、中煤的收到基低位发热量分别为 5 050 kJ/kg、14 600 kJ/kg。锅炉采用湿法脱硫（脱硫效率 95%）、电袋除尘（效率 99.9%）后，烟气经 2 座 150 m 高钢筋混凝土烟囱排入大气（2 台炉合用一座烟囱），两座烟囱相距 100 m。该项目 SO_2 排放总量 636 t/a，NO_x 排放总量 829 t/a，烟尘排放总量 128 t/a，计划通过淘汰本地区污染严重的小焦化厂 6 家，削减 SO_2 排放总量 1 000 t/a、NO_x 排放总量 1 000 t/a、烟尘排放总量 166 t/a，作为该项目总量来源。

该项目位于北方缺水地区，电厂生活用水采用煤化公司自备井提供的自来水；生产用水有三个备选取水方案：A 方案是以项目南 15 km 处的水库为水源；B 方案是以项目 5 km 以内附近多家煤矿矿坑排水作为水源；C 方案是以项目往南 10 km 处拟建中的城市污水处理厂中水作为水源。上述三个备选水源水质水量均满足电厂用水要求。

【问题】

1. 法律明文规定该项目环评报告书中必须要有的文件是（　　）。

   A．水资源论证报告　　B．水土保持方案

   C．煤质分析报告　　D．项目建议书

2. 根据该项目备选取水方案，确定推荐的取水方案，并说明原因。
3. 请计算该项目两个烟囱的等效烟囱高度和位置。

【参考答案】

1．法律明文规定该项目环评报告书中必须要有的文件是（B）。

A．水资源论证报告　　B．水土保持方案

C．煤质分析报告　　D．项目建议书

2．根据该项目备选取水方案，确定推荐的取水方案，并说明原因。

答：推荐的取水方案为 B，以煤矿矿坑排水作为水源。城市污水处理厂建成前，方案 A 水库水可做备用水源；城市污水处理厂建成后，优选方案 C 城市污水处理厂中水做备用水源。

3．请计算该项目两个烟囱的等效烟囱高度和位置。

答：两个烟囱的等效烟囱高度为 150 m，位于两个排气筒连线的中点上、距两个烟囱均为 50 m。计算过程如下：

（1）等效烟囱高度 h

$$h=\sqrt{\frac{1}{2}\left(h_1^2+h_2^2\right)}$$

式中：h_1，h_2 —— 烟囱 1 和烟囱 2 的高度。

因 $h_1=h_2=150$ m，则：

$$h=\sqrt{\frac{1}{2}\left(h_1^2+h_2^2\right)}=\sqrt{\frac{1}{2}\left(h_1^2+h_1^2\right)}=\sqrt{h_1^2}=h_1=150\,\text{m}$$

（2）等效烟囱位于烟囱 1 和烟囱 2 的连线上，以烟囱 1 为原点，等效排气筒距原点的距离 x：

$$x=a\frac{Q-Q_1}{Q}$$

式中：a —— 烟囱 1 和烟囱 2 的距离，100 m；

Q_1 —— 烟囱 1 的污染物排放速率，kg/h；

Q —— 等效烟囱的污染物排放速率，$Q=Q_1+Q_2$，Q_2 为烟囱 2 的污染物排放速率，kg/h。

因 $Q_1=Q_2$，则 $Q=2Q_1$，计算 x 得：

$$x=a\frac{Q-Q_1}{\text{Q}}=a\frac{2Q_1-Q_1}{2Q_1}=a\frac{Q_1}{2Q_1}=\frac{1}{2}a=50\,\text{m}$$

【考点分析】

1．法律明文规定该项目环评报告书中必须要有的文件是（B）。

A. 水资源论证报告　　B. 水土保持方案

C. 煤质分析报告　　D. 项目建议书

《环境影响评价案例分析》考试大纲中"一、相关法律法规运用和政策、规划的符合性分析（1）建设项目环境影响评价中采用的相关法律法规的适用性分析"。

举一反三：

本案例项目位于山区，1991年6月29日通过的《中华人民共和国水土保持法》第十九条规定："在山区、丘陵区、风沙区修建铁路、公路、水工程，开办矿山企业、电力企业和其他大中型工业企业，在建设项目环境影响报告书中，必须有水行政主管部门同意的水土保持方案。"故B是正确答案。水资源论证报告、煤质分析报告、项目建议书虽然也是环评的重要参考文件，但没有法律明文规定是环评报告中必需的。

2．根据该项目备选取水方案，确定推荐的取水方案，并说明原因。

《环境影响评价案例分析》考试大纲中"一、相关法律法规运用和政策、规划的符合性分析（2）建设项目与环境政策的符合性分析"。

举一反三：

发改能源[2004]864号文件《国家发展改革委关于燃煤电站项目规划和建设有关要求的通知》要求"在北方缺水地区，新建、扩建电厂禁止取用地下水，严格控制使用地表水，鼓励利用城市污水处理厂的中水或其他废水……坑口电站项目首先考虑使用矿井疏干水"。

该项目位于富煤地区，周围煤矿密集，属坑口电站，首先考虑使用矿井疏干水作为水源（方案B）；该项目位于北方缺水地区，鼓励利用城市污水处理厂的中水（方案C），严格限制使用地表水（方案A）。

3．请计算该项目两个烟囱的等效高度和位置。

《环境影响评价案例分析》考试大纲中"二、项目分析（1）分析建设项目施工期和运营期环境影响的因素和途径，识别产污环节、污染因子和污染物特性，核算物耗、水耗、能耗和主要污染物源强"。

案例 3　热电联产项目

【素材】

北方某城市地势平坦，主导方向为东北风，当地水资源缺乏，城市主要供水水源为地下水，区域已出现大面积地下水降落漏斗区。城市西北部有一座库容 3.2×10^7 m^3 水库，主要功能为防洪、城市供水和农业用水。该市现有的城市二级污水处理厂位于市区南部，处理规模为 1.0×10^5 t/d（年运行按 365 天计），污水处理达标后供位于城市西南的工业区再利用。

现拟在城市西南工业区内分期建设热电联产项目。一期工程拟建 1 台 350 MW 热电联产机组，配 1 台 1 160 t/h 的粉煤锅炉。汽机排汽冷却拟采用二次循环冷水冷却方式，配 1 座自然通风冷却塔（汽机排汽冷却方式一般包括直接水冷却、空冷和二次循环冷水冷却）。采用高效袋式除尘、SCR 脱硝、石灰石—石膏脱硫方法处理锅炉烟气，脱硝效率 80%，脱硫效率 95%，净化后烟气经 210 m 高的烟窗排放。SCR 脱硝系统氨区设一个 100 m^3 的液氨储罐，储量为 55 t。生产用水主要包括化学系统用水、循环冷却系统用水和脱硫系统用水，新鲜水用水量分别为 4.04×10^5 t/a、2.89×10^6 t/a、2.90×10^5 t/a，拟从水库取水。生活用水采用地下水。配套建设干贮灰场，粉煤灰、炉渣、脱硫石膏全部综合利用，暂无法综合利用的送灰场临时贮存。生产废水主要有化学系统的酸碱废水、脱硫系统的脱硫废水、循环冷却系统的排污水等，拟处理后回用或排放。

设计煤种和校核煤种基本参数及锅炉烟气中 SO_2、烟尘的初始质量浓度见表 1。

表 1　设计煤种和校核煤种基本参数及锅炉烟气中 SO_2、烟尘的初始质量浓度

	低位发热值/（kJ/kg）	收到基全硫/%	收到基灰分/%	SO_2/（mg/m^3）	烟尘/（mg/m^3）
设计煤种	23 865	0.61	26.03	1 920	25 600
校核煤种	21 771	0.66	22.41	2 100	21 100

注：①《危险化学品重大危险源辨识》（GB 18218—2009）规定液氨的临界量为 10 t；② 锅炉烟气中 SO_2、烟尘分别执行《火电厂大气污染物排放标准》（GB 13223—2011）中 100 mg/m^3 和 30 mg/m^3 的排放限值要求。

【问题】

1．提出该项目用水优化方案，并说明理由。

2．识别该项目重大危险源，并说明理由。

3．评价 SO_2 排放达标情况。

4．计算高效袋式除尘器的最小除尘效率（石灰石—石膏脱硫系统除尘效率按 50%计。

5．提出一种适宜的酸碱废水处理方式。

【参考答案】

1．提出该项目用水优化方案，并说明理由。

答：（1）生产用水优先使用城市污水处理厂中水，水库水可用作备用水源，禁止开采地下水。理由：该项目处于北方缺水城市，且该区域已出现大面积的地下水降落漏斗，根据火电行业政策，这里禁止取用地下水。此外，城市二级污水处理厂的处理规模为 3.65×10^7 t/a，完全可满足该项目生产用水的需求（3.584×10^6 t/a）。

（2）生活用水可采用地下水。

2．识别该项目重大危险源，并说明理由。

答：（1）该项目重大危险源：55 t 的液氨储罐。

（2）理由：液氨储罐的储量为 55 t，超出了《危险化学品重大危险源辨识》（GB 18218—2009）规定的液氨临界量 10 t。

3．评价 SO_2 排放达标情况。

答：根据设计煤种，SO_2 排放质量浓度=1 920×（1−95%）= 96 mg/m^3，未超过《火电厂大气污染物排放标准》（GB 13223—2011）中规定的 100 mg/m^3。根据校核煤种，SO_2 排放质量浓度=2 100×（1−95%）=105 mg/m^3，超过了《火电厂大气污染物排放标准》（GB 13223—2011）中规定的 100 mg/m^3。综上，要使锅炉烟气中 SO_2 达标，必须同时满足使用设计煤种和校核煤种时均达标，因此该项目 SO_2 排放不达标。

4．计算高效袋式除尘器的最小除尘效率（石灰石—石膏脱硫系统除尘效率按 50%计）。

答：设除尘效率为 x，则使用设计煤种时，25 600×（1−50%）（1−x）=30，解得 x=99.8%；

使用校核煤种时，21 100×（1−50%）（1−x）=30，解得 x =99.7%。

高效袋式除尘器最小除尘效率为 99.8%。

5．提出一种适宜的酸碱废水处理方式。

答：（1）经常性酸碱废水的处理：废水贮池→中和池→清净水池→回用水池。

（2）非经常性酸碱废水的处理：废水贮池→pH 调节槽→混凝槽→反应槽→澄清上部水→中和池→清净水池→回用水池。

【考点分析】

本案例是根据 2013 年案例分析试题改编而成。这道题目涉及的考点很多，需要考生综合把握。

1．提出该项目用水优化方案，并说明理由。

《环境影响评价案例分析》考试大纲中“一、相关法律法规运用和政策、规划的符合性分析（2）建设项目与环境政策的符合性分析”。

根据《国家发展和改革委员会关于燃煤电站项目规划和建设有关要求的通知》（发改能源[2004]864 号），要求“在北方缺水地区，新建、扩建电厂禁止取用地下水，严格控制使用地表水，鼓励利用城市污水处理厂的中水或其他废水……坑口电站项目首先考虑使用矿井疏干水”。

2．识别该项目重大危险源，并说明理由。

《环境影响评价案例分析》考试大纲中“五、环境风险评价（1）识别重大危险源并描述可能发生的环境风险事故”。

根据《危险化学品重大危险源辨识》，超过了规定的临界量即为重大危险源。

本题与 “二、化工石化及医药类　案例 6　离子膜烧碱和聚氯乙烯项目”第 3 题和“六、社会服务类　案例 4　污水处理厂改扩建项目”第 2 题类似。

3．评价 SO_2 排放达标情况。

《环境影响评价案例分析》考试大纲中“二、项目分析（3）评价污染物达标排放情况”。

废气排放达标分析，需考虑三个层面的问题：（1）排放浓度是否达标；（2）排放速率是否达标；（3）排气筒高度是否满足要求。

设计煤种是指设计锅炉时用于确定锅炉各部分结构尺寸，并通过热力计算给出锅炉设计性能各项参数和保证值所依据的计算煤种。

校核煤种是指设计锅炉时，与设计煤种同时向制造厂提出的一个（有时多于一个）煤种，其某些煤质指标偏离设计煤种的数值，要求制造厂保证当锅炉燃用该煤种时，能在额定蒸汽参数下带锅炉最大连续出力负荷长期、连续、稳定运行。

只有当锅炉燃用设计煤种和校核煤种排放 SO_2 均达标时，本题 SO_2 排放才算达标。

4．计算高效袋式除尘器的最小除尘效率（石灰石—石膏脱硫系统除尘效率按 50%计。

《环境影响评价案例分析》考试大纲中“二、项目分析（3）评价污染物达标排放情况”。

略。

5．提出一种适宜的酸碱废水处理方式。

《环境影响评价案例分析》考试大纲中“六、环境保护措施分析（1）分析污染控制措施的技术经济可行性”。

本题化学水系统排放的酸碱废水主要有两种：一种是用离子交换树脂处理锅炉的补给水，排放的废水主要是 pH 值超标；另一种是锅炉酸性废水，锅炉酸洗排出的废水成分较复杂。经常性的酸碱废水是指过滤器冲洗水、离子交换树脂处理锅炉补给水、化验室废水等。非经常性的酸碱废水指：锅炉化学清洗废水和锅炉空气预热器清洗废水。

五、社会服务类

案例 1　市政供水项目

【素材】

西北地区某市拟建一城市供水项目，由取水工程、净水厂工程及输水工程组成，取水工程包括水源取水口，取水泵房和原水输水管线。取水口设在 A 水库取水池内，取水泵房位于取水池北侧 500 m，原水输水管线由取水口至城区净水厂，全厂 28 km。净水厂工程包括净水厂和净水厂供水管线。净水厂选址位于城区东北侧 3 km 处。设计规模为 1.3×10^3 m^3/d，采用混合—沉淀—过滤—加氯加氨消毒净水工艺。净水厂占地面积 6.25×10^4 m^2，绿化率 40%，主要建（构）筑物有配水井、混合池、反应池、沉淀池、滤池、清水池、加氯间、加氨间、加药间、贮泥池、污泥浓缩池、污泥脱水机房、中控室、化验室及综合办公楼。净水厂供水管线从净水厂清水池至市区供水管网，全长 3.6 km。

工程永久占地 8.2×10^4 m^2，主要为取水口、取水泵房、净水厂及沿线排气井和排泥井占地；临时占地 2.3×10^5 m^2，主要为管沟开挖、弃渣场和临时便道占地。取水泵房现状用地为耕地；原水输水管线沿途为低山丘陵，现状用地主要为耕地、园地和林地，途经 3 个村庄，穿越河流 2 处、干渠 3 处、道路 3 处；净水厂选址为规划的市政建设用地，现状用地为苗圃；净水厂供水管线主要沿道路和绿化带敷设。原水输水管线工程沿线拟设置 2 处弃渣场，总占地 6.0×10^3 m^2，1#弃渣场位于丘陵台地，现状用地为耕地；2#弃渣场位于低谷地，现状用地为草地，渣场平整后进行覆土复耕和绿化。

A 水库为山区水库，主要功能为防洪、城镇供水和农业灌溉供水。库区周边主要分布有天然次生林，覆盖率为 20%，库区内现有多处网箱养鱼区，库区周边散布有零星养殖户。库区上游现有两个乡镇，以农业活动为主，有少数酒厂，板材加工厂及小规模采石场，上游乡镇废水散排入乡间沟渠。

净水厂内化验室为生活饮用水 42 项水质指标分析室，常用药品有氰化物、砷化物、汞盐、甲醇、无水乙醇、石油醚以及强酸、强碱等。加药间主要存放聚丙烯酰胺、聚合氯化铝和粉末活性炭，其中，活性炭用于原水水质超标时投加使用。净水厂沉淀池排泥水量为 1 900 m^3/d（含水率 99.7%），排泥水送污泥浓缩池进行泥水分离，泥水分离排出上清液 1 710 m^3/d，浓缩后的污泥（含水率 97%）经污泥脱水机房脱水后外运（污泥含水率低于 80%）。

【问题】

1. 针对库区周边环境现状，需要采取哪些水源保护措施？
2. 说明原水输水管线施工期的主要生态影响。
3. 给出污泥浓缩池上清液的合理去向，说明理由。
4. 计算污泥脱水机房污泥的脱出水量。
5. 净水厂运行期是否产生危险废物？说明理由。

【参考答案】

1. 针对库区周边环境现状，需要采取哪些水源保护措施？

（1）库区周边进行植树造林，增加覆盖率；

（2）禁止库区养殖，清理现有的网箱养鱼区、零星养殖户；

（3）对上游乡镇散排入乡间沟渠的废水采取处理措施，防止排入库区；

（4）采取措施，防治农业面源污染进入库区；

（5）划定水源保护区；

（6）加强管理，防止生活垃圾及其他生产废物排入库区。

2. 说明原水输水管线施工期的主要生态影响。

原水输水管线施工期的主要生态影响包括：

（1）施工占用耕地、园地和林地，引起土地利用类型的改变；

（2）管线开挖、临时道路、车辆碾压等造成植被破坏、水土流失等不利影响；

（3）穿越河流管道施工产生的废水对河流水生生态的影响；

（4）弃渣场占用耕地、草地，造成耕地减少、草地植被破坏、水土流失。

3. 给出污泥浓缩池上清液的合理去向，说明理由。

（1）污泥浓缩池上清液回流进入净水系统回用。

（2）理由：污泥浓缩池上清液水量大，净水及污泥处理所使用药剂对上清液水质不构成污染，上清液水质简单且水质未发生明显改变，经净水系统处理可达到出水要求。

4. 计算污泥脱水机房污泥的脱出水量。

浓缩污泥的体积为：1 900−1 710=190 m^3/d，含水率 97%，脱水后污泥含水率 80%，污泥脱水前后密度变化可以忽略。设污泥脱出水量为 M，则：$190\times\rho\times(1-97\%)=(190-M)\times\rho\times(1-80\%)$，$M$=161.5 m^3/d。

5. 净水厂运行期是否产生危险废物？说明理由。

（1）净水厂运行期会产生危险废物。

（2）理由：化验室的药品多为危险化学品，运行期化验室化验水质时会产生废酸、废碱、含重金属废物、有机废物及危险化学品废弃盛装物等均属于危险废物。

【考点分析】

此题由 2016 年环评案例考试真题改编而成，需要考生认真体会，综合把握。

1. 针对库区周边环境现状，需要采取哪些水源保护措施？

《环境影响评价案例分析》考试大纲中“六、环境保护措施分析（1）分析污染控制措施的技术经济可行性”。

详见《集中式饮用水水源地规范化建设环境保护技术要求》（HJ 773—2015）。

2. 说明原水输水管线施工期的主要生态影响。

《环境影响评价案例分析》考试大纲中“四、环境影响识别、预测与评价（1）识别环境影响因素与筛选评价因子”。

本题亦可参考本书“七、交通运输类　案例 4　新建成品油管道工程 3. 管道施工期的生态环境影响有哪些？”。

3. 给出污泥浓缩池上清液的合理去向，说明理由。

《环境影响评价案例分析》考试大纲中“二、（4）分析废物处理处置合理性”。

污泥浓缩池上清液 1 710 m^3/d，含水量大，且上清液水质与净化水水质没有明显的变化。

4. 计算污泥脱水机房污泥的脱出水量。

《环境影响评价案例分析》考试大纲中“二、项目分析（1）分析建设项目施工期和运营期环境影响的因素和途径，识别产污环节、污染因子和污染物特性，核算物耗、水耗、能耗和主要污染物源强”。

污泥脱水前后，浓度基本保持不变。

5. 净水厂运行期是否产生危险废物？说明理由。

《环境影响评价案例分析》考试大纲中“五、环境风险评价（1）识别重大危险源并描述可能发生的环境风险事故”。

使用危险化学品项目一般会产生废危险化学品、危险化学品反应废物（含酸碱、重金属、有机物）、危险化学品废包装袋等，属于危险废物。

案例2 污水处理厂增建污泥处置中心项目

【素材】

某城市现有污水处理厂设计规模为 3.0×10^4 m^3/d，采用“A^2O+高效沉淀+深床滤池”处理工艺，处理后尾水达到《城镇污水处理厂污染物排放标准》一级A标准后排入景观河道。厂区内主要构筑物有进水泵房、格栅间、曝气沉砂池、生物池、二沉池、高效沉淀池、深床滤池、污泥浓缩脱水机房和甲醇加药间（内设6个甲醇储罐，单罐最大储量16 t）。其中，进水泵房和污泥浓缩脱水机房分别采用全封闭设计并配套生物滤池除臭设施，废气净化后分别由15 m高排气筒排放。

拟在厂区预留用地内增建1座污泥处置中心，设计规模为160 t/d绝干污泥量，采用“中温厌氧消化+板框脱水+热干化”处理工艺。经处理后污泥含水率为40%，外运作为园林绿化用土。污泥消化产生的沼气经二级脱硫处理后供给沼气锅炉。沼气锅炉生产的热水（80℃）和热蒸汽（170℃）作为污泥消化、干化的热源。污泥脱水产生的滤液经除磷脱氮预处理后回流污水处理厂。

新建污泥处置中心的主要构筑物有污泥调理间、污泥消化间、污泥干化间和污泥滤液预处理站。其中，污泥调理间、污泥干化间和污泥滤液预处理站均采取全密闭负压排风设计，分别配套生物滤池除臭设施（适宜温度22～30℃），废气除臭后分别经3根15 m高排气筒排放。污泥干化间产生的废气温度为60～65℃，H_2S、NH_3浓度是其他产臭构筑物的8～10倍，沼气罐区与甲醇加药间相距280 m，设有16个800 m^3沼气罐（单个沼气罐储气量为970 kg）。

该项目所在地区夏季主导风向为西南风，现状厂界东侧650 m有A村庄，东南侧1 200 m有1处新建居民小区。该项目环评第一次公示期间，A村庄有居民反映该污水处理厂夏季常有明显恶臭散发，导致居民无法开窗通风，并有投诉。

经预测分析，环评机构给出的恶臭影响评价结论为：污泥处置中心3根排气筒对A村庄的恶臭污染物贡献值叠加后满足环境标准限值要求，该项目对A村庄的恶臭影响可以接受。

[注：《危险化学品重大危险源辨识》（GB 18218—2009）中沼气临界量 50 t，甲醇临界量 500 t。]

【问题】

1. 污泥干化间废气除臭方案是否合理？说明理由。

2. 该项目是否存在重大危险源？说明理由。

3. 给出该项目大气环境质量现状监测因子。

4. 指出环评机构的恶臭影响评价结论存在的问题。

【参考答案】

1. 污泥干化间废气除臭方案是否合理？说明理由。

答：不合理。理由：（1）污泥干化间废气温度为 60～65℃，而生物滤池除臭设施的适宜温度为 22～30℃，废气温度过高会影响生物滤池的稳定性和处理效果。（2）污泥干化间废气 H_2S、NH_3 浓度过高，应先预处理再进生物滤池处理，可用喷淋降温+生物滤除处理。

2. 该项目是否存在重大危险源？说明理由。

答：不存在重大危险源。

该项目涉及的危险品包括：甲醇和沼气。甲醇加药间最大甲醇储存量为：6×16 t=96 t，小于临界量 500 t；沼气罐区沼气最大储量：16×0.97 t=15.52 t，小于临界量 50 t。

根据《危险化学品重大危险源辨识》，边缘距离小于 500 m 的几个设施视为一个单元。沼气罐区与甲醇加药间相距 280 m，小于 500 m，可视为一个单元，该单元含多种危险化学品：$q_1/Q_1+q_2/Q_2=96\ t/500\ t+15.52\ t/50\ t=0.50<1$

因此，该项目不存在重大危险源。

3. 给出该项目大气环境质量现状监测因子。

答：常规指标：SO_2、NO_2（或 NO_x）、PM_{10}、$PM_{2.5}$；特征监测因子：H_2S、NH_3、臭气浓度、甲醇。

4. 指出环评机构的恶臭影响评价结论存在的问题。

答：（1）预测评价只叠加了 3 根污染源的贡献值，未叠加 A 村庄的背景浓度，直接得出满足环境标准限值要求的错误结论。

（2）项目环评第一次公示期间，A 村庄有居民反映该污水处理厂夏季常有明显恶臭散发，导致居民无法开窗通风，并有投诉。进一步佐证了 A 村庄恶臭污染物背景浓度较高，叠加新增 3 根排气筒贡献值后，居民会进一步受到污水处理厂的恶臭影响。

（3）未叠加污泥滤液等恶臭无组织排放影响。

【考点分析】

本题为2015年环评案例分析考试真题。

1. 污泥干化间废气除臭方案是否合理？说明理由。

《环境影响评价案例分析》考试大纲中“六、环境保护措施分析（1）分析污染控制措施的技术经济可行性”。

本题考点为：

恶臭处理方式：密闭负压收集、集中处理，生物除臭、洗涤、吸收等方式。

恶臭的处理方法：物理法（掩蔽法、稀释法、冷凝法和吸附法），化学法（燃烧法、氧化法和化学吸收法），生物法（经济合理、适宜温度下进行）。

本题较为灵活，考生需认真分析，根据题干信息，找到要点。

举一反三：

污水处理厂需要考虑除臭的设施及集气方式：

（1）无须经常人工维护的设施，如沉砂池、初沉池和污泥浓缩池等，应采用固定式的封闭措施控制臭气；

（2）需经常维护和保养的设施，如格栅间、泵房水井和污水处理厂的污泥脱水机房等，应采用局部活动式或简易式的臭气隔离措施控制臭气。

2. 该项目是否存在重大危险源？说明理由。

《环境影响评价案例分析》考试大纲中“五、环境风险评价（1）识别重大危险源并描述可能发生的环境风险事故”。

本题为近几年环评案例分析考试的常考题型，难点在于对环境风险单元的概念的理解，属于较新考点。涉及的考点为：

（1）《危险化学品重大危险源辨识》中环境风险单元的概念：一个（套）生产装置、设施或场所，或同属一个生产经营单位的且边缘距离小于500 m的几个（套）生产装置、设施或场所。

（2）单元内存在的危险化学品为多品种时，经计算若满足下式：

$$q_1/Q_1+q_2/Q_2+\cdots+q_n/Q_n \geqslant 1$$

则定为重大危险源。

另外，要了解危险化学品的几种主要类型：爆炸品、易燃气体、毒性气体、易燃液体、易于自燃的物质、遇水放出易燃气体的物质、氧化性物质、有机过氧化物、毒性物质。危险化学品的临界量不需记忆，题干会提供相关信息。

3. 给出该项目大气环境质量现状监测因子。

《环境影响评价案例分析》考试大纲中“二、项目分析（1）分析建设项目施工期和运营期环境影响的因素和途径，识别产污环节、污染因子和污染物特性，核算物耗、水耗、能耗和主要污染物源强”。

本题考查项目大气环境质量监测因子，为常考题型，主要包括常规监测因子和项目特征污染因子。

（1）常规监测因子：凡项目排放的污染物属于常规污染物的均为常规监测因子（SO_2、NO_2、CO、O_3、PM_{10}、$PM_{2.5}$等）；

（2）项目特征污染因子：项目排放的特征污染物有国家、地方环境质量标准的；或《工业企业设计卫生标准》（TJ 36—1979）中居住区大气中有害物质最高允许浓度列表中有的；没有相应质量标准但是属于毒性较大的。

该项目由沼气锅炉供热，将排放SO_2、NO_2（NO_x）、PM_{10}、$PM_{2.5}$等，故入选环境现状监测因子；同时，根据题干，该项目排放H_2S、NH_3、臭气（《恶臭污染物排放标准》中的一项控制指标）；项目含甲醇加药间，甲醇属于易挥发气体，有毒。

沼气车间虽溢出甲烷，但没有剧毒性，未列于国家、地方环境质量标准及TJ 36中居住区大气中有害物质最高允许浓度列表中，故不选取。

4. 指出环评机构的恶臭影响评价结论存在的问题。

《环境影响评价案例分析》考试大纲中“七、环境可行性分析（3）判断环境影响评价结论的正确性”。

2013年出过类似的污水处理厂环评结论正确性分析的题目。应根据题干信息逐条分析结论的正确性。

本题考点为：

（1）大气环境影响预测评价中对于环境敏感点的评价应采用贡献值叠加背景值后，再进行判断，评价结论仅采用贡献值分析影响不正确。

（2）对于类似的改扩建项目，环评结论应该与项目影响实际效果相结合。

（3）比较隐晦的知识点：该项目存在无组织排放源的影响。

污水处理厂原有的主要构筑物有进水泵房、格栅间、曝气沉砂池、生物池、二沉池、高效沉淀池、深床滤池、污泥浓缩脱水机房和甲醇加药间。其中，进水泵房和污泥浓缩脱水机房分别采用全封闭设计并配套生物滤池除臭设施，其他的构筑物恶臭污染物无组织排放影响。

案例 3　3 万 t/d 污水处理厂项目

【素材】

某新设立的工业园区规划建设 1 座规模为 30 000 t/d 的污水处理厂，收水范围包括工业园区和相距 3 km 处的规划新农村小区。工业园区定向招商入区企业的工业废水总量为 15 300 t/d，拟收集的生活污水总量为 9 200 t/d。拟将入区企业工业废水分类收集送至污水处理厂进行分质预处理。污水处理厂收集的各类废水水质见表 1。

表 1　污水处理厂收集的各类废水水质汇总

污水类别	水量/（m^3/d）	主要污染物质量浓度/（mg/L）								
		COD_{Cr}	BOD_5	SS	氨氮	TP	氰化物	TDS	石油类	pH（无量纲）
含氰废水	1 500	350	200	50			85			
高浓度废水	6 000	6 200	2 100	850	200					
酸碱废水	1 000	800	350	90	5	45				2～11
含油废水	1 600	2500	800	120	100				120	
一般工业废水	3 000	220	80	150	20					
生活污水	9 200	400	250	300	35	3				
合计	22 300	COD_{Cr} 加权平均质量浓度为 2 102 mg/L；BOD_5 加权平均质量浓度为 765 mg/L								
冷却塔排水	800	90		20		8		1 000		
除盐站排水	1 400	60		260				3 000		

污水处理厂采用“预处理+二级生化+深度处理”工艺，其中冷却塔排水和除盐站排水直接进入深度处理段，出水水质执行《城镇污水处理厂污染物排放标准》一级 A 标准。污水处理厂生化处理段设计 COD_{Cr} 进水水质为 1 000 mg/L，COD_{Cr} 去除率为 80%；深度处理段 COD_{Cr} 去除率为 75%。

污水处理厂采用“浓缩+脱水+热干化”工艺处理污泥，干污泥含水率小于 50%，拟运至距厂址 12 km 的城市生活垃圾卫生填埋场处置或用于园林绿化。

污水处理厂位于 B 河流域一级支流 A 河东侧。A 河流经拟建厂址西侧后于下游 2.5 km 处汇入 B 河，多年平均流量 10.2 m^3/s；自 A 河汇入口上游 10 km 至下游 25 km 河段执行III类水质标准，自 A 河汇入口下游 5 km 至 25 km 为规划的纳污河段，现状水质达标。

过程可行性研究提出两个排水方案。方案 1：污水处理厂尾水就近排入 A 河；方案 2:污水处理厂尾水经管道引至 B 河排放，排放口位于 A 河汇入口下游 8 km 处。

【问题】

1．指出宜单独进行预处理的工业废水类别以及相应的预处理措施。

2．计算污水处理厂出水 COD_{Cr} 质量浓度。

3．指出污泥处置方案存在的问题。

4．在工程可行性研究提出的排水方案中确定推荐方案，并说明理由。

5．请列出预测排放口下游 20 km 处 BOD_5 所需要的基础数据和参数。

6．污水处理厂产生的恶臭可以采取哪些污染防治措施？

【参考答案】

1．指出宜单独进行预处理的工业废水类别以及相应的预处理措施。

答：（1）含氰废水：化学氧化法。

（2）高浓度废水：化学氧化法。

（3）含油废水：气浮、隔油。

（4）酸碱废水：中和法。

2．计算污水处理厂出水 COD_{Cr} 质量浓度。

答：生化处理后出水 COD_{Cr} 质量浓度应为：1 000×（1−80%）=200 mg/L；

进入深处理阶段，混合后质量浓度应为：（22 300×200+800×90+1 400×60）÷（22 300+800+1 400）=188.41 mg/L；

COD_{Cr} 出水质量浓度为：188.41×（1−75%）=47.1 mg/L。

3．指出污泥处置方案存在的问题。

答：污泥不能用于园林绿化，也不能送城市生活垃圾卫生填埋场处置；应进行性质鉴别，如果属于危险废物，应交有相应资质的单位处理。

4．在工程可行性研究提出的排水方案中确定推荐方案，并说明理由。

答：（1）推荐方案 2。

（2）理由：A 河为支流，环境容量小，B 河为纳污河段，与规划相符。

5．请列出预测排放口下游 20 km 处 BOD_5 所需要的基础数据和参数。

答：预测 BOD_5 可以采用河流一维稳态水质模式或 Streeter-Phelps 模式（S-P 模式）进行预测。

预测排放口下游 20 km 处 BOD_5 所需要的基础数据和参数包括：受纳水体的水质、B 河的基础数据（包括流量、河宽、流速、平均水深、河流底坡坡度、弯曲系数等）、废水总排放量、BOD_5 排放浓度（排放浓度含正常排放和非正常排放浓度）、

横向混合系数 M_y、纵向离散系数、降解系数、废水排放口设置（是否为岸边排放、排放口离岸边的距离）等。

6．污水处理厂产生的恶臭可以采取哪些污染防治措施？

答：恶臭可以采取以下污染防治措施：

(1) 将恶臭主要发生源尽可能地布置在远离厂址附近的居民区等敏感点的地方，以保证环境敏感点在防护距离之外而不受到影响。

(2) 设置卫生防护距离，卫生防护距离内现有居民进行环保搬迁，禁止新建居民点。

(3) 在厂区污水及污泥生产区周围设置绿化隔离带，选择种植不同系列的树种，组成防止恶臭的多层防护隔离带，尽量降低恶臭污染的影响。

(4) 污泥浓缩控制发酵，污泥脱水后要及时清运以减少污泥堆存；在各种池体停产修理时，池底积泥会裸露出来并散发臭气，应当采取及时清除积泥的措施来防止臭气的影响。

(5) 对污水处理厂散发恶臭气体的单元进行加盖处理，将恶臭收集后处理。主要除臭技术有离子除臭法、生物除臭法和化学除臭法。

【考点分析】

本案例是根据 2014 年案例分析考试试题改编而成，需要考生认真体会，综合把握。

1．指出宜单独进行预处理的工业废水类别以及相应的预处理措施。

《环境影响评价案例分析》考试大纲中“六、环境保护措施分析（1）分析污染控制措施的技术经济可行性”。

环保措施一直是近几年案例分析考试的考点之一，本案例为 2014 年案例分析考试真题。

本题类似于“三、冶金机电类　案例 4　铝型材料生产项目”第 3 题。

2．计算污水处理厂出水 COD_{Cr} 质量浓度。

《环境影响评价案例分析》考试大纲中“二、项目分析（1）分析建设项目施工期和运营期环境影响的因素和途径，识别产污环节、污染因子和污染物特性，核算物耗、水耗、能耗和主要污染物源强”。

本题需注意生化处理后，冷却水、除盐站排水的汇入对 COD_{Cr} 浓度的影响。

3．指出污泥处置方案存在的问题。

《环境影响评价案例分析》考试大纲中“六、环境保护措施分析（1）分析污染控制措施的技术经济可行性”。

工业废水处置污泥，应进行性质鉴别，根据污泥的性质进行处置。

本题类似于“三、冶金机电类　案例 4　铝型材料生产项目”第 5 题。

4．在工程可行性研究提出的排水方案中确定推荐方案，并说明理由。

《环境影响评价案例分析》考试大纲中“六、环境保护措施分析（1）分析污染控制措施的技术经济可行性”和“七、环境可行性分析（1）分析不同工程方案（选址、规模、工艺等）环境比选的合理性”。

本题与“二、化工石化及医药类 案例 5　园区化学原料药项目”的第 4 题类似。

5．请列出预测排放口下游 20 km 处 BOD_5 所需要的基础数据和参数。

《环境影响评价案例分析》考试大纲中“四、环境影响识别、预测与评价（5）选择、运用预测模式与评价方法”。

举一反三：

水环境预测中，应根据环境影响评价技术导则、评价等级和受纳水体的实际情况，确定采用的预测模式。预测范围内的河段可以分为充分混合段、混合过程段和上游河段。非持久性污染物充分混合段采用一维稳态模式。

$$c = c_0 \exp\left(-K_1 \frac{x}{86\,400u}\right)$$

$$c_0 = (c_p Q_p + c_h Q_h)/(Q_p + Q_h)$$

式中：x —— 计算点离初始点（排放口）的距离，m；

u —— 河水流速，m/s；

Q_p —— 废水排放量，m^3/s；

c_p —— 污染物浓度，mg/L；

Q_h —— 河水流量，m^3/s；

c_h —— 排放口上游污染物浓度，mg/L；

c_0 —— 计算初始点污染物浓度，mg/L；

c —— 排放口下游 x 处的污染物浓度，mg/L；

K_1 —— 耗氧系数，d^{-1}。

K_1 估算采用两点法：

$$K_1 = \frac{86\,400u}{x} \ln \frac{c_A}{c_B}$$

式中：c_A，c_B —— 断面 A、B 的污染物平均浓度，mg/L。

混合过程段的长度由下式估算：

岸边排放　$$L = \frac{1.8B^2 u}{4H\sqrt{gHi}}$$

式中：B —— 河流宽度，m；

H —— 平均水深，m；

g——重力加速度，9.8 m/s^2；

i——河流底坡坡度。

6．污水处理厂产生的恶臭可以采取哪些污染防治措施？

《环境影响评价案例分析》考试大纲中“六、环境保护措施分析（1）分析污染控制措施的技术经济可行性”。

举一反三：

2007 年案例分析考试有一道类似的题目。

污水处理厂恶臭污染主要来自格栅及进水泵房、沉砂池、生物反应池、储泥池、污泥浓缩池等装置，恶臭的主要成分为硫化氢、氨、挥发酸、硫醇类等。污水处理厂的恶臭物质逸出量受污水量、污泥量、污水中的溶解氧量、污泥稳定程度、污泥堆存方式及数量、日照、湿度和风速等多种因素的影响。在污水处理厂中，恶臭浓度最高处为污泥处置工段，恶臭逸出量最大处是好氧曝气池——在曝气过程中恶臭物质逸入空气。考生可以从清除恶臭发生源、切断扩散途径及污染受体保护几个方面回答。

案例 4　污水处理厂改扩建项目

【素材】

某市拟对位于城区东南郊的城市污水处理厂进行改扩建。区域年主导风向为西北风，A 河由西经市区流向东南，厂址位于 A 河左岸，距河道 700 m。厂址西南 200 m 处有甲村，以南 240 m 处有乙村，东北 900 m 处有丙村。按新修编的城市总体规划，城市东南部规划建设工业区，甲村和乙村搬迁至丙村东侧与其合并。按照地表水环境功能区划，A 河市区下游河段水体功能为Ⅲ类。

现有工程污水处理能力为 4×10^4 t/d，采用 A^2/O 处理和液氯消毒工艺，出水达到《城镇污水处理厂污染物排放标准》（GB 18918—2002）二级标准后排入 A 河。采用浓缩脱水工艺将污泥脱水至含水率 80%后送城市生活垃圾填埋场处置。

扩建工程用地为规划的城市污水处理厂预留地，新增污水处理规模 4×10^4 t/d，采用“A^2/O 改良+混凝沉淀+滤池”处理和液氯消毒；新增污水处理系统出水执行《城镇污水处理厂污染物排放标准》一级 A 标准，经现排污口排入 A 河；扩建加氯加药间，液氯贮存量为 6 t；新建 1 座甲醇投加间用于生物脱氮，甲醇贮存量为 15 t。

拟对现有工程污泥处理系统、恶臭治理系统进行改造：新建 1 座污泥处置中心，采用生物干化/好氧发酵工艺，将全厂污泥含水率降至 40%；全厂构筑物采用加盖封闭集气除臭方式，设置 3 处离子除臭间处理污水区、污泥区和污泥处置中心的恶臭气体，净化达标后的废气由 3 个 15 m 高排气筒排放。

环评单位拟定的综合评价结论为：该工程建设符合国家产业政策、城市总体规划；经采取“以新带老”污染治理措施后，各种污染物可实现达标排放；工程不涉及重大危险源；环境效益改善明显；该工程建设环境可行。

（注：《危险化学品重大危险源辨识》（GB 18218—2009）规定的液氯和甲醇的临界量分别为 5 t 和 500 t。）

【问题】

1．判断工程设计的“以新带老”方案是否全面，说明理由。
2．识别该项目重大危险源，并说明理由。
3．为分析工程对 A 河的环境影响，需调查哪些方面的相关资料？
4．指出综合评价存在的错误，并说明理由。

【参考答案】

1. 判断工程设计的“以新带老”方案是否全面，说明理由。

答：(1) 不全面。

(2) 理由：现有工程污水排入A河执行《城镇污水处理厂污染物排放标准》二级标准不符合要求，改扩建工程应将现有工程污水治理纳入“以新带老”方案，采用与扩建工程相同的处理工艺，使出水符合《城镇污水处理厂污染物排放标准》一级A标准。

2. 识别该项目重大危险源，并说明理由。

答：(1) 扩建后液氯贮存量达到6 t的加氯加药间。

(2) 加氯加药间液氯贮存为6 t，超过了《危险化学品重大危险源辨识》规定的临界量5 t。

3. 为分析工程对A河的环境影响，需调查哪些方面的相关资料？

答：(1) A河的水功能区划、水系分布以及水文情势。

(2) A河水质现状和主要污染因子调查。

(3) 河流水生生态现状，是否有国家或地方水生生物保护区。

(4) 排污口资料及排放口位置等。

4. 指出综合评价存在的错误，并说明理由。

答：(1)“各种污染物可实现达标排放”错误。理由：现有污水处理厂污水排放没有“以新带老”措施，排放不达标。

(2)“工程不涉及重大危险源”错误。理由：液氯的贮存构成了重大危险源。

(3)“环境效益改善明显，该工程建设环境可行”错误。理由：基于现有污水处理厂污水排放没有“以新带老”措施，排放不达标，扩建工程新增污水增加了污染物排放，故环境效益没有改善，A河的水质会进一步恶化。

【考点分析】

本案例是根据2013年案例分析考试试题改编而成，需要考生认真体会，综合把握。

1. 判断工程设计的“以新带老”方案是否全面，说明理由。

《环境影响评价案例分析》考试大纲中“六、环境保护措施分析（1）分析污染控制措施的技术经济可行性”。

改扩建项目“以新带老”是环境保护的基本要求。回答本题只需根据题干信息，分析现有污水处理厂存在哪些环境问题，改扩建项目采取的“以新带老”措施是否全面考虑了现有工程存在的环境问题即可作答。

2．识别该项目重大危险源，并说明理由。

《环境影响评价案例分析》考试大纲中“五、环境风险评价（1）识别重大危险源并描述可能发生的环境风险事故”。

根据《危险化学品重大危险源辨识》，超过了规定的临界量即为重大危险源。

本题与 “二、化工石化及医药类 案例 7 离子膜烧碱和聚氯乙烯项目”第 3 题和“四、建材火电类 案例 3 热电联产项目”第 2 题类似。

3．为分析工程对 A 河的环境影响，需调查哪些方面的相关资料？

《环境影响评价案例分析》考试大纲中“三、环境现状调查与评价（2）制定环境现状调查与监测方案”。

现有排污口：现有工程实际排水水质、排污口的位置等。

地表水环境调查：包括河流的分布、水系、水环境功能区划；水文资料调查：应与拟采用的环境影响预测方法密切相关；地表水水质现状调查：是否涉及特殊功能保护区调查。

4．指出综合评价存在的错误，并说明理由。

《环境影响评价案例分析》考试大纲中“七、环境可行性分析（3）判断环境影响评价结论的正确性”。

根据题干信息逐条分析结论的正确性。

案例 5　危险废物处置中心项目

【素材】

某市拟建一个危险废物安全处置中心，其主要的建设内容包括：安全填埋场、物化处理车间、稳定/固化处理车间、公用工程及生活办公设施等。该地区主导风向为 SW，降雨充沛。

拟选场址一：位于低山丘陵山坡及沟谷区，西南侧直线距离 1.8 km 处为某村庄，主要植被为人工种植的果园、水稻、蔬菜等。选址所在地区交通方便，仅需建进场公路 1 km；垃圾运输沿途经过 3 个村庄，人口居住稀疏。选址区场地外东北侧为地势最高点，场地北部有一条东西走向沟谷，在沟谷西部有一个人工土石坝，沟谷汇水在此形成一个人工鱼塘。场地外南侧池塘为最低点，场地南部汇水沿南侧坡地汇入南部沟谷向南流出。选址区南侧 5 km 处有一个森林公园。选址区位于最近水厂取水点上游 25 km 处。距离选址区西边界 0.2 km 处有一高压高架输电线穿过。

拟选场址二：位于某村庄北面山谷（距离该村 1.5 km），地表植被主要为马尾松—芒萁群落和人工种植林，交通方便。需建进场公路 0.8 km；垃圾运输沿途经过 2 个村庄，人口居住比较密集。选址区临近森林公园（约 1 km），场地周围地势南高北低，北侧有一水塘（非饮用水）。选址区位于最近水厂取水点上游 20 km 处，距最近变电站 1 km。

【问题】

1. 通过两个场址的比较，哪个更适合建设危险废物安全处置中心？请说明理由。
2. 该建设项目评价的重点是什么？
3. 该项目现状调查的主要内容是什么？
4. 水环境影响的主要评价因子包括哪些？
5. 环境影响预测的主要内容及预测时段包括哪些？
6. 上述危险废物安全处置中心还缺少的主要的建设内容是（　　）。

A. 锅炉房　　B. 宿舍　　C. 污水处理厂　　D. 填埋场

7. 根据《环境影响评价技术导则　地下水环境》（HJ 610—2016），判定该项目地下水评价工作等级；根据工作等级，布设地下水水质现状监测井。
8. 提出防止或减缓该项目地下水环境影响的环境保护措施。

【参考答案】

1．通过两个场址的比选，哪个更适合建设危险废物安全处置中心？请说明理由。

答：两个场址对比分析见表 1。

表 1　两个场址对比分析

条　件	场址一	场址二
自然生态环境影响	主要植被为人工种植的果园、水稻、蔬菜等，离最近水厂取水点上游 25 km 处	地表植被为马尾松—芒萁群落和人工种植林，离最近水厂取水点上游 20 km 处
地形条件	地形有利，能尽量减少工程量，有足够覆土来源	地形有利，能尽量减少工程量，有足够覆土来源
交通状况	交通方便，需建进场公路 1 km	交通方便，需建进场公路 0.8 km
周围敏感点情况	1.8 km 处有村庄，5 km 处有森林公园	1.5 km 处有村庄，1 km 处有森林公园
地质水文条件	场地北部有沟谷，南部汇水沿南侧坡地汇入南部沟谷向南流出	场地周围地势南高北低，北侧有一水塘
水电设施条件	0.2 km 处有一高压高架输电线	1 km 处有变电站
垃圾运输沿线影响	沿途经过 3 个村庄，人口居住稀疏	沿途经过 2 个村庄，人口居住比较密集

由表 1 可知，与场址二相比，场址一优点有：破坏人工种植的果园、蔬菜，对生态破坏相对较小；离最近水厂取水点相对较远，对水环境影响相对较小；距离电力设施比较近，距离村庄和森林公园等敏感点比较远，对周围敏感点声环境和景观等影响小。缺点：其建进场公路要长 0.2 km；村庄数目多，人口居住比较稀疏。综合上述两个场址的优缺点，选择场址一对周围环境的影响相对较小，更适合建设固体废物安全处置中心。

2．该建设项目评价的重点是什么？

答：该项目环境影响评价的重点是危险废物处理工艺的可行性、处置中心选址的合理性、危险废物贮存设施的污染防治措施分析以及填埋场运行期间渗滤液对地表水和地下水环境的影响。此外还包括公众参与。

3．该项目现状调查的主要内容是什么？

答：进行该项目环境影响评价时环境现状调查的主要内容如下：

（1）地理位置：建设项目所处的经纬度、行政区位置和交通位置，并附地理位置图。

（2）地质环境：根据现有资料详细叙述该地区的特点，以及断裂、坍塌、地面沉陷等不良地质构造。若没有现成的地质资料，应根据评价要求做一定的现场调查。

（3）地形地貌：建设项目所在地区的海拔高度、地形特征、相对高差的起伏状况，周围的地貌类型。

（4）气象与气候。

（5）地表水环境：地表水水系分布、水文特征；地表水资源分布及利用情况，主要取水口分布；地表水水质现状及污染来源等。

（6）地下水环境。

（7）大气环境：根据现有资料，简单说明项目周围地区大气环境中主要的污染物、污染来源、大气环境容量等。

（8）土壤与水土流失：土壤类型及其分布、成土母质、土壤层厚度等。

（9）生态调查：植被情况（如类型、主要组成、覆盖度和生长情况等），有无国家重点保护的或稀有的野生动植物。

（10）声环境：确定声环境现状调查的范围、监测布点与现有污染源调查工作。

（11）社会经济：包括经济指标、人口、工业与能源、农业与土地利用、交通运输等。

（12）人文遗迹、自然遗迹与珍贵景观：主要是与项目邻近的森林公园情况，并调查选址区是否有其他需要重点保护的景观。

4. 水环境影响的主要评价因子包括哪些？

答：地表水环境影响主要评价因子包括：pH、COD、BOD、SS、石油类、氨氮、总磷、挥发酚、总汞、总氰化物，还有其他重金属如Cu、Cd、Zn、As等；地下水环境影响的主要评价因子包括：pH、总汞、总氰化物、Cr^{6+}、Cu、Zn、Cd、As。

5. 环境影响预测的主要内容及预测时段包括哪些？

答：项目环境影响预测的主要内容包括：

（1）水环境：包括地表水和地下水，主要预测填埋场渗滤液、预处理车间产生的废水以及生活区污水对水环境的影响。分析渗滤液的环境影响时，还应考虑非正常情况下如防渗层破裂对地下水的污染。

（2）大气环境：施工扬尘、填埋机械和运输车辆尾气、填埋场废气对填埋场周围环境和沿线环境空气的影响。

（3）噪声：施工机械、作业机械和运输车辆噪声对周围环境的影响。

（4）水土流失：项目选址区位于低山丘陵区，建设期对植被的破坏会造成一定程度的水土流失，要采取防护措施。

（5）生态环境和景观影响：建设填埋场会在一定程度上破坏植被，占用土地会引起水土流失，弃土堆放等会对选址区及其周围生态环境和景观产生一定的影响。

预测时段包括：建设期、运行期和服务期满后（封场后）三个时段。

6. 上述危险废物安全处置中心还缺少哪个主要的建设内容？

答：答案为C。因为锅炉房属于公用工程，宿舍属于生活办公设施，填埋场已经交代属于主要建设内容之一，因此只能选 C。

7．根据《环境影响评价技术导则 地下水环境》（HJ 610—2016），判定该项目地下水评价工作等级；根据工作等级，布设地下水水质现状监测井。

答：危险废物填埋场地下水评价等级为一级。

地下水水质现状监测井布设：不得少于 7 个，场址上游 1 个，场地内 1 个，两侧各 1 个，下游 3 个。下游 3 个监测井可作为污染监控井及运移扩散井。

8．提出防止或减缓该项目地下水环境影响的环境保护措施。

（1）工程措施：

① 根据建设项目场地天然基础层条件及《危险废物填埋污染控制标准》（GB 18598—2001）铺设适当的防渗层。防渗层铺设完成后进行检测，保证防渗层有效。

② 对项目所在区水文地质条件进行详细调查。

③ 设置渗滤液集排水系统和雨水集排系统。

④ 设置地下水监测系统：上游 1 口背景监测井，下游 3 口。

（2）管理措施：

① 入场危险废物必须符合相关标准对废物的入场要求。

② 地下水监测因子应根据填埋废物特性由当地环保主管部门确定，监测因子应有代表性。

③ 封场：当填埋场处置的废物数量达到填埋场设计容量时，应实行封场；封场最终覆盖层应为多层结构；封场后应继续维护管理。

【考点分析】

此题由 2010 年环评案例考试真题改编而成，需要考生认真体会，综合把握。

1. 通过两个场址的比选，哪个更适合建设危险废物安全处置中心？请说明理由。

《环境影响评价案例分析》考试大纲中“七、环境可行性分析（1）分析不同工程方案（选址、规模、工艺等）环境比选的合理性”。

此题属于建设项目选址优化分析，参照《危险废物填埋污染控制标准》填埋场场址选择的要求，分析要点包括：

（1）自然生态环境影响：是否影响水源地、选址区植被；

（2）地形条件：地势、地形是否有利，工程量，覆土来源；

（3）地质水文条件：是否有不良地质现象及其影响地表水的程度；

（4）水电设施条件：与饮用水源地和供电设施的距离；

（5）交通状况；

（6）周围敏感点（包括居民区和风景区）情况：与敏感点的距离、选址区是否在居民区下风向、项目建设是否影响附近居民区的景观。

（7）依据环境保护部“关于发布《一般工业固体废物贮存、处置场污染控制标准》（GB 18599—2001）等3项国家污染物控制标准修改单的公告”，危险废物填埋场场址的位置及与周围人群的距离应依据环境影响评价结论确定，并经具有审批权的环境保护行政主管部门批准，可作为规划控制的依据。

（8）垃圾运输沿线对居民的影响。

最后，根据项目的特点及主要的环境影响，综合优化选择场址。

2. 该建设项目评价的重点是什么？

一般情况下，评价重点在识别环境影响因素与筛选评价因子，判断建设项目影响环境的主要因素及分析产生的主要环境问题结束后再确定。该项目为危险废物处置场，其主要的处置方式是固化后填埋，因此其评价重点为：

（1）根据该市固体废物的产生数量、种类及特征，分析处理危险废物工艺的可行性，是否能达到废物利用、资源回收、清洁生产的要求；

（2）工程运行后其对选址区范围内及其周围地表水和地下水的影响；

（3）根据拟选场址内的工程地址和水文情况，分析项目选址的合理性，以及污染防治措施的可行性。

举一反三：

危险废物处置工程项目环境影响评价应关注的问题：

（1）必须详细调查、了解和描述危险废物的产生量、危险废物的种类和特性，它关系到危险废物处置中心的建设规模、处置工艺。因为危险废物的来源复杂、种类繁多、特性各异，而且各种废物在产生的数量上也有极大的差异，因此搞清废物的来源、种类、特性，对于评价处置场规模、处置场选址的优劣和处置工艺的可行性至关重要。

（2）危险废物安全处置中心的环境影响评价必须贯彻“全过程管理”的原则，包括收集、临时贮存、中转、运输、处置以及工程建设期和运营期的环境问题。

（3）对危险废物安全填埋处置工艺的各个环节进行充分分析，对填埋场的主要环境问题，如渗滤液的产生、收集和处理系统以及填埋气体导排、处理和利用系统进行重点评价，对渗滤液泄漏及污染物的迁移转化进行预测评价。对于配有焚烧设施的处置中心，还要对焚烧工艺和主要设施进行充分的分析，首先审查焚烧系统的完整性，对烟气净化系统的配置和净化效果进行论述，将烟气排放对大气环境的影响作为评价重点。

（4）危险废物处置工程的选址是一个比较敏感的问题，它除了环境的基本条件外，还有公众的心理影响因素，因此必须对场址的比选进行充分的论证，做好公众参与的调查和分析工作。

（5）必须要有风险分析和应急措施，它包括运输过程中产生的事故风险，填埋场渗滤液的泄漏事故风险以及由于入场废物的不相容性产生的事故风险。

3．该项目现状调查的主要内容是什么？

《环境影响评价案例分析》考试大纲中“三、环境现状调查与评价（1）判定评价范围内环境敏感区；（2）制定环境现状调查与监测方案”。

举一反三：

建设项目现状调查的内容主要包括：① 自然环境，包括项目地理位置、地质、地形地貌、土壤、植被等；② 项目周围水（包括地表水和地下水）、大气、噪声、生态现状、主要污染源情况、环境容量等；③ 社会经济情况，包括人口、工农业、土地利用、交通等；④ 项目周围是否有需要重点保护的人文遗迹、自然遗迹与珍贵景观等。

4．水环境影响的主要评价因子包括哪些？

《环境影响评价案例分析》考试大纲中“四、环境影响识别、预测与评价（1）识别环境影响因素与筛选评价因子”。

本案例项目评价因子的选择依据：① 环境标准中包含的指标；② 选址区地表水（或地下水）水体主要的污染指标；③ 项目污水中主要污染物的种类；④ 具有代表性，能表征废物特性的参数。

对于地表水来说，评价因子包括地表水环境中常见的污染因子，既包括表征有机污染的指标，也包括氮、磷和重金属等无机污染指标。

5．环境影响预测的主要内容及预测时段包括哪些？

《环境影响评价案例分析》考试大纲中“四、环境影响识别、预测与评价（1）识别环境影响因素与筛选评价因子；（4）确定环境要素评价专题的主要内容”。

一般的建设项目的环境影响包括：水、大气、噪声、生态（包括水土流失）和景观等几个方面，同时还要考虑项目建设和运行的时期不同，其对环境的影响也不同。具体的内容要根据项目的建设内容和特点确定。

举一反三：

对于危险废物处置中心建设项目，必须评价封场后的环境影响。预测时段包括：建设期、运行期和服务期满后（封场后）三个时段。

6．上述危险废物安全处置中心还缺少哪个主要的建设内容？

《环境影响评价案例分析》考试大纲中“一、相关法律法规运用和政策、规划的符合性分析（1）建设项目环境影响评价中采用的相关法律法规的适用性分析；（2）建设项目与环境政策的符合性分析”。

根据危险废物安全处置中心污染物控制的要求，严禁将集、排水系统收集的渗滤液直接排放，必须对其进行处理并只有在达到《污水综合排放标准》（GB 8978—1996）中第一类污染物和第二类污染物最高允许排放浓度要求后方可排放。注意：若有地方标准，此处应执行地方的水污染物排放标准。

7．根据《环境影响评价技术导则 地下水环境》（HJ 610—2016），判定该项目地下水评价工作等级；根据工作等级，布设地下水水质现状监测井。

《环境影响评价案例分析》考试大纲中“三、环境现状调查与评价（2）制定环境现状调查与监测方案”和“四、环境影响识别、预测与评价（3）确定评价工作等级和评价范围”。

8．提出防止或减缓该项目地下水环境影响的环境保护措施。

《环境影响评价案例分析》考试大纲中“六、环境保护措施分析（1）分析污染控制措施的技术经济可行性”。

案例 6　300 万 t 垃圾填埋场项目

【素材】

某大城市拟建一生活垃圾填埋场，设计填埋量为 300 万 t，填埋厚度为 25 m，主要设施有：防渗衬层系统、渗滤液导排系统、雨污分流系统、地下水监测设施、填埋气导排系统以及覆盖和封场系统。按工程计划，该填埋场 2011 年 1 月投入使用。该填埋场渗滤液产生量预计为 120 t/d。拟将渗滤液送至该城市二级污水处理厂进行处理，城市污水处理厂污水日处理能力为 30 000 t/d，目前日处理量为 23 000 t/d。拟选厂址特点见表 1。

表 1　拟选厂址特点

所在位置	不在水源保护区、矿产资源储备区等需要特别保护的区域内
地质条件	山谷型填埋场
土壤性质	黏土，厚度 2.5 m，饱和渗透系数为 1.0×10^{-6} cm/s
地下水位	基础层底部与地下水最高水位距离约 0.9 m
洪水位条件	标高重现期大于 50 年一遇洪水位
距离敏感点位置	距离下风向村庄 3 km

【问题】

1. 该填埋场选址和所建设施是否合理？如果不合理请说明理由。
2. 该填埋场可选用何种防渗衬层？（　）
   A. 不需要使用衬层，现有土壤性质可以满足防渗要求
   B. 采用厚底不低于 2 m，饱和渗透系数小于 1.0×10^{-7}cm/s 的天然黏土防渗衬层
   C. 采用单层人工合成材料衬层，衬层下的天然黏土防渗衬层饱和渗透系数小于 1.0×10^{-7} cm/s 且厚度不小于 0.75 m
   D. 采用双层人工合成材料衬层，衬层下的天然黏土防渗衬层饱和渗透系数小于 1.0×10^{-7}cm/s 且厚度不小于 0.75 m
3. 可以进入该垃圾填埋场的垃圾为（　）。
   A. 生活垃圾焚烧炉渣

B. 企事业单位产生的办公废物

C. 含水率为 65%的生活污水处理厂污泥

D. 禽畜养殖废物

E. 生活垃圾焚烧飞灰

4．该填埋场渗滤液的处理方式是否可行？如果不可行请说明理由。

5．垃圾填埋场的主要环境影响有哪些？

【参考答案】

1．该填埋场选址和所建设施是否合理？如果不合理请说明理由。

答：该垃圾填埋场选址合理；所建设施不完善。根据《生活垃圾填埋场污染控制标准》（GB 16889—2008），生活垃圾填埋场应配备的设施有：防渗衬层系统、渗滤液导排系统、渗滤液处理设施、雨污分流系统、地下水监测设施、填埋气导排系统、覆盖和封场系统。在本案例中，基础层底部与地下水最高水位距离约 0.9 m，不到 1 m，因此更应建立地下水导排系统并确保填埋场的运行期和后期维护与管理期内地下水水位与基础层底部距离大于 1 m。此外，由于该填埋场设计填埋量为 300 万 t，填埋厚度为 25 m，按照《标准》要求，应建立甲烷利用设施或火炬燃烧设施来处理填埋场产生的甲烷气体。

2．该填埋场可选用何种防渗衬层？（C）

A. 不需要使用衬层，现有土壤性质可以满足防渗要求

B. 采用厚底不低于 2 m，饱和渗透系数小于 1.0×10^{-7}cm/s 的天然黏土防渗衬层

C. 采用单层人工合成材料衬层，衬层下的天然黏土防渗衬层饱和渗透系数小于 1.0×10^{-7}cm/s 且厚度不小于 0.75 m

D. 采用双层人工合成材料衬层，衬层下的天然黏土防渗衬层饱和渗透系数小于 1.0×10^{-7}cm/s 且厚度不小于 0.75 m

3．可以进入该垃圾填埋场的垃圾为（AB）

A. 生活垃圾焚烧炉渣

B. 企事业单位产生的办公废物

C. 含水率为 65%的生活污水处理厂污泥

D. 禽畜养殖废物

E. 生活垃圾焚烧飞灰

4．该填埋场渗滤液的处理方式是否可行？如果不可行请说明理由。

答：不可行。根据《生活垃圾填埋场污染控制标准》（GB 16889—2008），首先生活垃圾填埋场必须设置污水处理装置，其次经填埋场污水处理装置处理后的废水如果因为达不到排放标准要求而送城市二级污水处理厂进行处理时，要求城市二级

污水处理厂每日处理渗滤液的总量不超过污水处理总量的 0.5%，并不超过该城市二级污水处理厂额定的污水处理能力。该案例超过了 0.5%。

5. 垃圾填埋场的主要环境影响有哪些？

答：垃圾填埋场对环境的主要影响有：填埋场渗滤液泄漏或处理不当对地下水及地表水的污染；填埋场产生气体的排放对大气的污染、对公众健康的危害以及可能发生的爆炸对公众安全的威胁；填埋场的存在对周围景观的不利影响；垃圾堆体对周围地质环境的影响；填埋机械噪声对公众的影响；填埋场滋生的害虫、昆虫、啮齿动物以及在填埋场觅食的鸟类和其他动物可能传播疾病；填埋垃圾中的塑料袋、纸张以及尘土等在未来得及覆盖压实的情况下可能飘出场外，造成环境污染和景观破坏；流经填埋场区的地表径流可能受到污染。

【考点分析】

1. 该填埋场选址和所建设施是否合理？如果不合理请说明理由。

《环境影响评价案例分析》考试大纲中“一、相关法律法规运用和政策、规划的符合性分析（1）建设项目环境影响评价中采用的相关法律法规的适用性分析；（2）建设项目与环境政策的符合性分析”和“七、环境可行性分析（1）分析不同工程方案（选址、规模、工艺等）环境比选的合理性”。

该题考查对《生活垃圾填埋场污染控制标准》（GB 16889—2008）中垃圾填埋场场址选择及根据场址实际情况和生活垃圾填埋场建设规模而需要配套建设的设施。

举一反三：

根据《大纲》要求，对于固体废物的环境影响评价，应掌握生活垃圾填埋，生活垃圾焚烧，危险废物填埋，危险废物焚烧，危险废物贮存，一般工业固体废物贮存、处置的相关要求和规定。对于场址的选择，出题角度经常为“给出不同场址的各类条件，进行比对，从而选择更为合理的选址”，来考查考生对场址选择的相关要求的掌握程度。

为了便于记忆，生活垃圾填埋场场址选择规则笔者简单归纳为：符合规划、避开保护区域、标高不小于 50 年一遇洪水位、避开地质不稳定区域。详细内容参见 GB 16889—2008。

2. 该填埋场可选用何种防渗衬层（C）

《环境影响评价案例分析》考试大纲中“六、环境保护措施分析（1）分析污染控制措施的技术经济可行性”。

该题考查的是根据生活垃圾填埋场选址处的土壤条件，选择合适的防渗衬层。该案例中，天然基础层厚度 2.5 m，饱和渗透系数为 1.0×10^{-6} cm/s，应采用厚度不低于 2 m，饱和渗透系数小于 1.0×10^{-7} cm/s 的天然黏土防渗衬层，或者防渗能力更好的防渗衬层。

举一反三：

防渗衬层是指设置于填埋场底部及四周边坡的、由天然材料和（或）人工合成材料组成的防止渗漏的垫层，可分为天然黏土防渗衬层、单层人工合成材料衬层（一层人工合成材料衬层+黏土衬层或者具有同等以上隔水效力的其他材料）、双层人工合成材料防渗衬层（两层人工合成材料衬层+黏土衬层或者具有同等以上隔水效力的其他材料）。笔者将生活垃圾填埋场的防渗衬层选择情况归纳如表 1。

表 1 生活垃圾填埋场的防渗衬层选择情况

天然基础层 饱和渗透系数 k 和厚度 d	应选用的防渗衬层类型	构成防渗衬层的天然黏土层 饱和渗透系数 k 和厚度 d
$k<1.0\times10^{-7}$ cm/s 且 $d\geqslant2$ m	天然黏土防渗衬层	$k<1.0\times10^{-7}$ cm/s 且 $d\geqslant2$ m
1.0×10^{-7} cm/s$<k<1.0\times10^{-5}$ cm/s 且 $d\geqslant2$ m	单层人工合成材料衬层	$k<1.0\times10^{-7}$ cm/s 且 $d\geqslant0.75$ m
$k\geqslant1.0\times10^{-5}$ cm/s 或 $d<2$ m	双层人工合成材料衬层	$k<1.0\times10^{-7}$ cm/s 且 $d\geqslant0.75$ m

防渗衬层选择时可按照表 1 选择或者选择防渗能力更好的。对于危险废物填埋场的防渗衬层的选择大家可以自行归纳。

3．可以进入该垃圾填埋场的垃圾为（AB）

《环境影响评价案例分析》考试大纲中“六、环境保护措施分析（1）分析污染控制措施的技术经济可行性”。

该题考查生活垃圾填埋场填埋废物的入场要求。A、B 均为可直接进入该填埋场的垃圾，C 的含水率过高，D 不可进入，而对进入生活垃圾填埋场的生活垃圾焚烧飞灰则有三个条件的限制。

举一反三：

可直接进入生活垃圾填埋场的废物有：① 由环境卫生机构收集或者自行收集的混合生活垃圾，以及企事业单位产生的办公废物；② 生活垃圾焚烧炉渣（不包括焚烧飞灰）；③ 生活垃圾堆肥处理产生的固态残余物；④ 服装加工、食品加工以及其他城市生活服务行业产生的性质与生活垃圾相近的一般工业固体废物。

经处理后可进入生活垃圾填埋场的废物有：

（1）满足以下三个条件的生活垃圾焚烧飞灰和医疗废物焚烧残渣（包括飞灰、底渣）。

① 含水率小于 30%；② 二噁英含量低于 3 μg TEQ/kg；③ 按照 HJ/T 300 制备的浸出液中危害成分浓度（金属离子等）低于《生活垃圾填埋场污染控制标准》（GB 16889—2008）规定的限值。

（2）经过下列处理的《医疗废物分类目录》中的感染性废物。

① 按照 HJ/T 228—2006 要求进行破碎毁形和化学消毒处理，并满足消毒效果

检验指标；② 按照 HJ/T 229—2006 要求进行破碎毁形和微波消毒处理，并满足消毒效果检验指标；③ 按照 HJ/T 276—2006 要求进行破碎毁形和高温蒸汽处理，并满足处理效果检验指标。

（3）经处理后，按照 HJ/T 300—2006 制备的浸出液中危害成分浓度低于《生活垃圾填埋场污染控制标准》（GB 16889—2008）规定的限值的一般工业固体废物。

（4）厌氧产沼等生物处理后的固态残余物，粪便经处理后的固态残余物和经处理后含水率小于 60%的生活污水处理厂污泥。

不得进入生活垃圾填埋场的废物有：① 未经处理的餐饮废物；② 未经处理的粪便；③ 禽畜养殖废物；④ 电子废物及其处理处置残余物；⑤ 除本填埋场产生的渗滤液之外的任何液态废物和废水。

4．该填埋场渗滤液的处理方式是否可行，如果不可行请说明理由？

《环境影响评价案例分析》考试大纲中“六、环境保护措施分析（1）分析污染控制措施的技术经济可行性”。

该题从两个角度考查了渗滤液的处理问题。① 垃圾填埋场必须要有渗滤液处理装置。② 经过处理后的渗滤液送城市污水处理厂进一步处理时，对于处理量的要求。

举一反三：

关于垃圾填埋场渗滤液的考查角度较多，以下两个方面应该注意：① 到 2011 年 7 月 1 日以后，生活垃圾填埋场必须自行处理渗滤液并达到标准要求，不允许再送往城市二级污水处理厂。② 年轻（5 年以内）的垃圾填埋场和老（5 年以上）的垃圾填埋场，二者渗滤液组分的区别（表 1）。

表 1　不同年限垃圾填埋场渗滤液组分区别

垃圾填埋场性质	年轻的	老的
pH	较低	中性或弱碱性
BOD 与 COD 浓度	较高	较低
BOD/COD	较高	较低
重金属离子浓度	较高	下降

5．垃圾填埋场的主要环境影响有哪些？

《环境影响评价案例分析》考试大纲中“四、环境影响识别、预测与评价（1）识别环境影响因素与筛选评价因子”。

该题考查对项目的环境影响的分析。对于生活垃圾填埋场无外乎就是从水、气、声、渣、风险、生态、景观、土壤、地质这些方面来考虑，并逐条分析。

举一反三：

大家在分析一个项目对环境的影响时，首先分析该项目会产生水、气、声、渣、风险、辐射中的哪些污染，然后逐个分析这些污染因素对水环境（地表水和地下水）、气环境、声环境、土壤、生态、景观和人类安全健康的影响。从这些角度入手，基本可以做到分析全面，没有遗漏。

总而言之，该案例重点考查的是对生活垃圾填埋场有关内容的掌握情况，希望诸位考生能以此题为例，仔细研读《生活垃圾填埋场污染控制标准》（GB 16889—2008）、《生活垃圾焚烧污染控制标准》（GB 18485—2001）、《危险废物填埋污染控制标准》（GB 18598—2001）、《危险废物焚烧污染控制标准》（GB 18484—2001）、《危险废物贮存污染控制标准》（GB 18597—2001）、《一般工业固体废物贮存、处置场污染控制标准》（GB 18599—2001）。

案例 7　新建居住区项目

【素材】

某市在城区北部 S 河两岸规划建设大型居住区项目，其中位于 S 河南岸的一期工程已建成，尚未入住；现在拟建设位于 S 河北岸的二期工程，二期工程规划占地面积 3 km^2，建设内容包括：居住楼房，配套幼儿园、小学、综合性医院、超市、餐饮等服务设施，以及燃煤集中供热锅炉房和垃圾中转站、公共地下停车场等，供排水接市政给排水系统，民用燃气由天然气输配管网供应；S 河按景观河道进行环境综合整治。

项目规划用地范围内现有两个村庄，人口约 2 000 人；有废弃的化肥和农药仓库、简易的废品堆存场、建筑垃圾堆存以及遗留的生活垃圾等。

项目规划用地西侧隔 200 m 宽绿化带为规划的电子工业园区；北侧 50 m 处为规划的城市主干道；东侧紧临城市次干道，该次干道以东为正在建设的另一大型居住区；S 河流向为自西向东，现状为城市纳污河道，规划用地范围内的生活污水以及城市北部建成区未纳入城市排水管网的污水均排入 S 河，河道淤积严重，夏季有明显异味。

【问题】

1．指出该项目二期工程建成后的主要大气污染源。

2．指出该项目二期工程需对哪几类污水配套建设预处理设施，并分别提出应用的处理工艺。

3．需对哪些环境要素进行环境质量现状调查？分别说明理由。

4．该项目二期工程配套幼儿园、小学的选址，应考虑规避哪些噪声影响？

5．指出 S 河环境综合整治应包括的工程内容。

【参考答案】

1．指出该项目二期工程建成后的主要大气污染源。

答：主要大气污染源包括：综合性医院、餐饮等服务设施，燃煤集中供热锅炉房，垃圾中转站，公共地下停车场。

2. 指出该项目二期工程需对哪几类污水配套建设预处理设施，并分别提出应用的处理工艺。

答：(1) 餐饮店餐饮废水：隔油。

(2) 综合性医院医疗废水：酸化、氧化、消毒处理。

(3) 生活污水：采用生化处理。

3. 需对哪些环境要素进行环境质量现状调查？分别说明理由。

答：(1) 大气，规划项目建设会对大气产生影响。

(2) 水，规划用地范围有两个村庄，排放生活污水。

(3) 噪声，规划项目建成后有交通噪声。

(4) 土壤及地下水，规划用地范围内有废弃的化肥和农药仓库。

4. 该项目二期工程配套幼儿园、小学的选址，应考虑规避哪些噪声影响？

答：交通噪声，工业噪声，社会噪声。

5. 指出S河环境综合整治应包括的工程内容。

答：(1) 建城市污水处理厂。

(2) 河道进行清淤，河道两岸绿化。

(3) 引入地表水对S河进行置换（净化）。

【考点分析】

本案例是根据2014年案例分析考试试题改编而成，需要考生认真体会，综合把握。

1. 指出该项目二期工程建成后的主要大气污染源。

《环境影响评价案例分析》考试大纲中“二、项目分析（1）分析建设项目施工期和运营期环境影响的因素和途径，识别产污环节、污染因子和污染物特性，核算物耗、水耗、能耗和主要污染物源强”。

大气污染源指排放大气污染物的设施或场所。根据题干信息：二期工程含居住楼房，配套幼儿园、小学、综合性医院、超市、餐饮等服务设施，以及燃煤集中供热锅炉房和垃圾中转站、公共地下停车场等。

其中，综合性医院产含病菌废气、恶臭等；餐饮等服务设施排放餐饮油烟；燃煤集中供热锅炉房排放燃煤废气；垃圾中转站产恶臭；公共地下停车场排放井排放尾气。

2. 指出该项目二期工程需对哪几类污水配套建设预处理设施，并分别提出应用的处理工艺。

《环境影响评价案例分析》考试大纲中“二、项目分析（1）分析建设项目施工期和运营期环境影响的因素和途径，识别产污环节、污染因子和污染物特性，核算物耗、水耗、能耗和主要污染物源强”和“六、环境保护措施分析（1）分析污染控制措施的技术经济可行性”。

本题关键是找出需预处理的废水：医疗废水、餐饮废水、生活污水。

3．需对哪些环境要素进行环境质量现状调查？分别说明理由。

《环境影响评价案例分析》考试大纲中“二、项目分析（1）分析建设项目施工期和运营期环境影响的因素和途径，识别产污环节、污染因子和污染物特性，核算物耗、水耗、能耗和主要污染物源强”和“三、环境现状调查与评价（2）制定环境现状调查与监测方案”。

该题实际上是考查对项目的环境影响的分析。无外乎就是从水、气、声、渣、风险、生态、景观、土壤、地质这些方面来考虑。

本题需进行环境质量现状调查的要素有：大气、水、土壤及地下水、声。

4．该项目二期工程配套幼儿园、小学的选址，应考虑规避哪些噪声影响？

《环境影响评价案例分析》考试大纲中“二、项目分析（1）分析建设项目施工期和运营期环境影响的因素和途径，识别产污环节、污染因子和污染物特性，核算物耗、水耗、能耗和主要污染物源强”。

噪声源的类型：社会服务、交通、工业噪声。

5．指出 S 河环境综合整治应包括的工程内容。

《环境影响评价案例分析》考试大纲中“六、环境保护措施分析（1）分析污染控制措施的技术经济可行性；（2）分析生态影响防护、恢复与补偿措施的技术经济可行性”。

河流整治措施为常考题，措施包括：现有废水收集处理、清淤、河岸绿化、引新水稀释等。

案例8 新建经济适用房项目

【素材】

某市拟结合旧城改造建设占地面积1 000×300 m^2的经济适用房住宅小区项目，总建筑面积6.34×10^5 m^2（含50幢18层居民楼）。居民楼按后退用地红线15 m布置。西、北面临街。居民楼通过两层裙楼连接，西、北面临街居民楼的一层、二层及裙楼拟做商业用房和物业管理处。部分裙楼出租为小型餐饮店。市政供水、天然气管道接入小区供居民使用，小区生活污水接入市政污水管网，小区设置生活垃圾收集箱和一座垃圾中转站。项目用地范围内现有简易平房、小型机械加工厂和小型印刷厂等。有一纳污河由东北向南流经本地块，接纳生活污水和工业废水。小区地块东边界60 m、南边界100 m外是现有的绕城高速公路，绕城高速公路走向与小区东、南边界基本平行，小区的西边界和北边界外是规划的城市次干道。小区南边界、东边界与绕城高速公路之间为平坦的空旷地带，小区最南侧的居民楼与绕城高速公路之间设置乔灌结合绿化带，对1～3层住户降噪1.0 dB（A）。查阅已批复的《绕城高速公路环境影响报告书》评价结论，2类区夜间绕城高速公路的噪声超标影响范围为道路红线外230 m。

【问题】

1．该小区的小型餐饮店应采取哪些环保措施？

2．分析小区最东侧、最南侧居民楼的噪声能否满足2类区标准。

3．对该项目最东侧声环境可能超标的居民楼，提出适宜防治措施。

4．拟结合城市景观规划对纳污河进行改造，列出对该河环境整治应采取的措施。

5．对于小区垃圾中转站，应考虑哪些污染防治问题？

【参考答案】

1．该小区的小型餐饮店应采取哪些环保措施？

答：（1）油烟采用油烟净化设备；

（2）厨房含油废水采用隔油设施；

（3）应选用低噪声设备，风机、水泵等设备应采取减振措施；

（4）固体废物应实行分类存放，废弃食用油脂、餐厨垃圾应妥善处置，可进行资源化回收及利用，不能回收的及时送往垃圾转运站。

2．分析小区最东侧、最南侧居民楼的噪声能否满足 2 类区标准。

答：2 类区夜间绕城高速公路的噪声超标影响范围为道路红线外 230 m。

小区最东侧距高速公路 60 m，远小于 230 m，故夜间东侧噪声超标，不能满足 2 类标准。

最南侧居民楼距高速公路 100 m，3 层以上（18 层住户房屋距公路不会超过 230 m）住户夜间噪声会超过 2 类区标准。根据线声源噪声衰减规律，距公路约 115 m（230 m/2）处噪声会超过 2 类区标准 3 dB（A），绿化带对 1～3 层住户降噪 1.0 dB（A），因此，距公路 100 m 南侧的 1～3 层住户夜间噪声仍会超标。

综上，小区最东侧、最南侧居民楼的噪声不能满足 2 类区标准。

3．对该项目最东侧声环境可能超标的居民楼，提出适宜防治措施。

答：因该小区拟建在现有的绕城高速公路附近，首先应在高速公路在小区附近路段设声屏障。其次应采取如下措施：

（1）调整小区功能布局。建议将拟做商业用房和物业管理处的临街居民楼的一层、二层及裙楼由西、北面调整至小区临高速公路的东侧。

（2）优化东侧楼房布局，居民住户布局尽可能为南北朝向，与高速公路垂直，而不是平行布局。

（3）调整后最东侧居民楼安装双层通气隔声窗。

（4）在东边界与绕城高速公路之间平坦的空旷地带设置乔灌结合绿化带。

4．拟结合城市景观规划对纳污河进行改造，列出对该河环境整治应采取的措施。

答：（1）污水截留管道措施：使污水排入城区下游河道，不排入该河段。

（2）河道清淤措施：清除河道内受污染的污泥，改善水体质量。

（3）河岸景观绿化措施；

（4）修建拦河坝，使该河段形成景观水域。

5．对于小区垃圾中转站，应考虑哪些污染防治问题？

（1）渗滤液收集和处理问题；

（2）恶臭及异味污染防治措施；

（3）灭蚊蝇、消毒问题；

（4）垃圾装卸过程中及运送车辆噪声、清洗车辆废水等污染防治问题。

【考点分析】

1．该小区的小型餐饮店应采取哪些环保措施？

《环境影响评价案例分析》考试大纲中“六、环境保护措施分析（1）分析污染控制措施的技术经济可行性”。

举一反三：

《环境影响评价技术方法》考试大纲（2014 年版）新增加了大气污染和水污染治理措施、环境噪声污染治理措施、地下水环境污染防治措施、固体废物处置措施、生态环境保护与恢复措施。本案例题第 1、3、4 题均出自此考点。本案例的设计再次印证了案例分析考题的答案来自于导则与标准以及技术方法，请在扎实复习好基础知识的前提下准备案例分析考试。

2．分析小区最东侧、最南侧居民楼的噪声能否满足 2 类区标准。

《环境影响评价案例分析》考试大纲中“四、环境影响识别、预测与评价（1）识别环境影响因素与筛选评价因子；（2）选用评价标准；（3）确定评价工作等级和评价范围；（6）预测和评价环境影响（含非正常工况）”。

此题要求考生能灵活运用环境影响预测的模式，不仅可以根据公式进行计算，还可以根据结果进行反推。类似的还可以设计大气预测方面的考题。

3．对该项目最东侧声环境可能超标的居民楼，提出适宜防治措施。

《环境影响评价案例分析》考试大纲中“六、环境保护措施分析（1）分析污染控制措施的技术经济可行性”。

4．拟结合城市景观规划对纳污河进行改造，列出对该河环境整治应采取的措施。

《环境影响评价案例分析》考试大纲中“六、环境保护措施分析（1）分析污染控制措施的技术经济可行性”。

5．对于小区垃圾中转站，应考虑哪些污染防治问题？

《环境影响评价案例分析》考试大纲中“四、环境影响识别、预测与评价（1）识别环境影响因素与筛选评价因子”和“六、环境保护措施分析（1）分析污染控制措施的技术经济可行性”。

本小题的考点主要从环境影响识别角度进行设计，类似的考点还经常出自《生活垃圾填埋场污染控制标准》《一般工业固体废弃物贮存、处置场污染控制标准》等标准。

案例 9　河道综合整治工程项目

【素材】

某县拟实施环境综合整治规划，规划方案由 R 河河道整治工程和污水处理工程 2 个项目组成，拟进行河道清淤、河岸修整合绿化、改善河道景观；对现状沿河排污口进行截流封堵，完善市政污水收集管网，新建污水处理厂，解决地区污水排放问题。

拟建污水治理工程建设内容包括截流封堵沿河 3 处排污口，修建 12 km 污水管道、新建一座二级生化污水处理厂。污水处理厂设计处理能力为 $5\times10^4 m^3/d$，选址于县城东南郊经济开发区的东侧，收水范围为沿河两岸老城区。经济开发区以及规划新城区生活污水和经济开发区生产废水现状排放量共计 $2.6\times10^4 m^3/d$，经 3 个排污口排入 R 河。

污水处理厂工艺流程为：进水→格栅→沉砂池→A/A/O 生物池→二沉池→反应沉淀池→转盘滤池→消毒池→出水。排水执行《城镇污水处理厂污染物排放标准》一级 A 标准。设计 TP 总去除率为 92%，其中反应沉淀池和转盘滤池的除磷效率合计为 80%，污泥处理拟采用浓缩脱水+生物干化工艺。其中生物干化采用嗜高温好氧微生物发酵；浓缩脱水后污泥产生量为 60 t/d（含水率 80%）。生物干化处理后污泥产生量为 20 t/d（含水率 40%）。

该线程地势西高东低，R 河由西向东从县城中心穿过，R 河城区段长约 12 km，在县城入口处断面多年平均流量为 $17.6 m^3/s$，枯水期平均流量为 $4.5 m^3/s$，水域环境功能为Ⅳ类。R 河南岸老城区下游经济开发区主要行业为食品加工、机械加工等，内有一座人工景观湖。北岸老城区东北约 2 km 处有一座燃煤电厂，从 R 河引水为循环冷却水。污水处理厂外东侧有多处砖厂废弃取土坑和成片林地。污水处理厂尾水拟排水 R 河。

【问题】

1．给出该项目可能的尾水资源化途径。
2．计算该项目生物除磷效率。
3．定性说明该项目的水环境改善作用。
4．给出该项目污泥资源化利用方式和去向（限答 2 条），说明理由。

【参考答案】

1．给出该项目可能的尾水资源化途径。

答：（1）经济开发区机械加工企业生产用水；

（2）人工景观湖景观用水；

（3）燃煤电厂循环冷却水；

（4）林地绿化用水；

（5）砖厂生产用水。

2．计算该项目生物除磷效率。

答：设生物除磷效率为 X，即有（1−X）（1−80%）=1−92%，求得 X=60%。

3．定性说明该项目的水环境改善作用。

答：（1）河道清淤，沿河排污口截流封堵，完善市政污水收集管网，新建污水处理厂，解决区域污水排放，改善河道水体质量；

（2）河岸修整和绿化、改善河道景观，改善水体生态环境，有助于水环境改善；

（3）水环境改善直接有助于水体环境质量改善；

（4）水环境改善有助于改善河道水生生态环境的改善；

（5）水环境改善有助于县城生态环境和人居环境改善。

4．给出该项目污泥资源化利用方式和去向（限答 2 条），说明理由。

答：（1）人工堆肥或机械堆肥，堆肥后用于污水处理厂东侧的砖厂取土废弃坑生态恢复土壤改良剂、林地土壤改良或林地肥料；该项目污水处理厂处理废水主要为河两岸老城区的生活污水，生活污水污泥有机成分较高，污水处理站产生的污泥采用好氧发酵方式处理后，营养成分较高，生物干化处理后含水量适宜，堆肥之后是一种很好的土壤改良剂。

（2）砖厂制砖；该项目污泥经脱水生物干化处理后，满足砖厂要求，在一定程度上能减少砖厂制砖取土量。

【考点分析】

本案例是 2017 年案例分析考试试题。项目本身为环境治理工程，是近年来我国在城市区域河流流域治理和老城区生活污水综合治理方面的典型代表，突出循环经济、废物资源化和综合利用、环境治理工程的这面的积极的生态环境效益和社会效益，同时特别要注意在治理过程中产生的二次污染问题。

1．给出该项目可能的尾水资源化途径。

《环境影响评价案例分析》考试大纲中“六、环境保护措施分析（1）分析污染控制措施的技术经济可行性”。

本题主要考虑废水资源化，问题相对简单，但注意要紧扣题干，从题干中寻找答案，紧扣题干中列出对水质要求不高用水单元。

2．计算该项目生物除磷效率。

《环境影响评价案例分析》考试大纲中“六、环境保护措施分析（1）分析污染控制措施的技术经济可行性”。

此题考生可以根据公式进行计算，相对简单。

3．定性说明该项目的水环境改善作用。

《环境影响评价案例分析》考试大纲中“六、环境保护措施分析（1）分析污染控制措施的技术经济可行性”。

本案例工程自身为环保工程，突出环境质量的改善在生态环境和社会环境的正效益。

4．给出该项目污泥资源化利用方式和去向（限答 2 条），说明理由。

《环境影响评价案例分析》考试大纲中“六、环境保护措施分析（1）分析污染控制措施的技术经济可行性”。

本案例工程自身为环保工程，但需要注意产生二次污染和废物综合利用，该项目污水处理厂污水来源为老城区生活污水，生活污水有机质含量相对较高，经脱水生活干化后，可以经过堆肥后作为土壤改良剂，另外要紧扣题目答题。

社会服务类案例小结

社会服务类项目属于污染型案例，一般包括市政污水处理、生活垃圾填埋、危险废物填埋、生活垃圾焚烧、房地产项目等。此类案例考查知识点及考查方式总结如下：

一、污水处理厂项目

（1）恶臭治理措施。

（2）重大危险源辨识。

（3）评价结论合理性分析，以新带老措施合理性。

（4）地表水环境影响评价模式选取及涉及参数。

（5）污泥处置方案。

（6）污染物排放浓度计算。

二、固体废物处置项目

（1）废气特征污染因子。

①垃圾填埋场废气特征污染因子；

②垃圾焚烧烟气特征污染因子。

（2）固体废物处置合理性分析。

①垃圾填埋场入场要求；

②危险废物贮存堆放要求。

（3）选址合理性分析。

① 垃圾填埋场选址要求；

② 危险废物填埋场选址要求；

③ 危险废物焚烧厂选址要求；

④ 一般固体废物贮存、处置场选址要求。

(4) 主要环境影响：垃圾填埋场的主要环境影响。

(5) 地下水跟踪监测系统布置方案。

三、房地产项目

(1) 污染源识别及污染防治措施。

餐馆：油烟（油烟净化）、含油废水（隔油处理）、固体废物、社会噪声；

医院：废水、医疗废物（消毒处理）；

垃圾中转站：渗滤液、恶臭污染。

(2) 外部交通噪声污染。

达标评价及防治措施。

(3) 河道综合整治工程。

六、采掘类

案例 1 新建铁矿项目

【素材】

拟新建 1 座大型铁矿，采选规模 3.5×10^6 t/a，服务年限 25 年。主要建设内容为：采矿系统、选矿厂、精矿输送管线、尾矿输送管线等主体工程，配套建设废石场、尾矿库和充填站。采矿系统包括主立井、副立井、风井和采矿工业场地等设施，主立井参数为：井筒直径 5.2 m，井口标高 31 m，井底标高−520 m。

矿山开采范围 5 km²，开采深度−440～−210 m，采用地下开采方式，立井开拓运输方案。采矿方法为空场嗣后充填。矿石经井下破碎，通过主立井提升至地面矿仓，再由胶带运输机运送至选矿厂；废石经副立井提升至地面，由电机车运输至废石场。

选矿厂位于主立井口西侧 1 km 处，选矿工艺流程为“中碎+细碎+球磨+磁选”；选出的铁精矿浆通过精矿输送管线输送至 15 km 外的钢铁厂；尾矿浆通过尾矿输送管线输送，85%送充填站，15%送尾矿库。精矿输送管线和尾矿输送管线均沿地表敷设，途经农田区，跨越 A 河（水环境功能为Ⅲ类）。跨河管道的两侧各设自动控制阀，当发生管道泄漏时可自动关闭管道输送系统。

经浸出毒性鉴别和放射性检验，废石和尾矿属于Ⅰ类一般工业固体废物，符合《建筑材料用工业废渣放射性物质限制标准》（GB 6763—86）。

废石场位于副立井附近，总库容 2×10^6 m³，为简易堆放场，设有拦挡坝。施工期剥离表土单独堆存于废石场。尾矿库位于选矿厂东南方向 5.3 km 处，占地面积 80 hm²，堆高 10 m，总库容 7.5×10^6 m³，设有拦挡坝、溢流井、回水池。尾矿库溢流水送回选矿厂重复使用。尾矿库周边 200～1 000 m 范围内有 4 个村庄，其中 B 村位于南侧 200 m，C 村位于北侧 300 m，D 村位于北侧 500 m，E 村位于东侧 1 000 m。拟环保搬迁 B 村和 C 村。

矿区位于江淮平原地区，多年平均降雨量 950 mm。矿区地面标高 22～40 m，土地利用类型以农田为主。矿区内分布有 11 个 30～50 户规模的村庄。矿区第四系潜水层埋深 1～10 m；中下更新统深层水含水层顶板埋深 70 m 左右，矿区内各村庄分布有分散式居民饮用水取水井，井深 15 m 左右，无集中式饮用水取水井。

【问题】

1．判断表土、废石处置措施和废石场建设方案的合理性，并说明理由。

2．说明矿井施工影响地下水的主要环节，提出相应的对策措施。

3．拟定的尾矿库周边村庄搬迁方案是否满足环境保护要求？说明理由。

4．提出精矿输送管线泄漏事故的环境风险防范措施。

5．给出该项目地下水环境监测井的设置方案。

【参考答案】

1．判断表土、废石处置措施和废石场建设方案的合理性，并说明理由。

答：（1）表土、废石处置措施不合理，因为表土、废石均可综合利用；

（2）废石场建设方案不合理，因为在副立井附近建设废石场可能会导致副立井坍塌，影响副立井使用。

2．说明矿井施工影响地下水的主要环节，提出相应的对策措施。

答：（1）影响环节：掘进、凿壁。

（2）对策措施：掘进、凿壁过程及时对井壁进行止水防堵处理。

3．拟定的尾矿库周边村庄搬迁方案是否满足环境保护要求？说明理由。

答：（1）不能确定。

（2）理由：应根据环境影响评价结论确定的安全防护距离来确定是否需要搬迁。

解答二：

（1）不满足环保要求。

（2）理由：考虑到尾矿库库容较大，易发生溃坝风险事故，影响半径可能达到1 500 m以上，D村、E村也要环保搬迁。

4．提出精矿输送管线泄漏事故的环境风险防范措施。

答：（1）优化敷设设计方案。

（2）优化线路设计方案。

（3）选用优质管材，管线敷设地段上方设置警示标志，设专人巡视，防止人为破坏。

（4）制订应急预案。

5．给出该项目地下水环境监测井的设置方案。

答：根据《环境影响评价技术导则　地下水环境》（HJ 610—2016），该项目选矿厂应进行地下水三级评价，至少布设3口水质监测井；废石场应进行二级评价，至少布设5口水质监测井；尾矿库应进行一级评价，至少布设7口水质监测井。监测井主要监测潜水层水质，具体布设如下：在选矿厂地下水环境上游布设1口水质监测井，下游布设2口水质监测井；在废石场地下水环境上游布设1口水质监测井，废石场两侧各布设 1 口水质监测井，下游布设 2 口水质监测井；由于选矿厂与废石场位置相距较近，可适当共用水质监测井。在尾矿库地下水环境上游布设 1 口水质监测井，尾矿库两侧靠村庄位置各布设 1 口水质监测井，尾矿库下游及下游村庄布共设 4 口水质监测井。

【考点分析】

本案例是根据 2014 年案例分析考试试题改编而成，需要考生认真体会，综合把握。

1．判断表土、废石处置措施和废石场建设方案的合理性，并说明理由。

《环境影响评价案例分析》考试大纲中“二、项目分析（4）分析废物处理处置合理性”。

本题铁矿山采用地下开采，产生的表土及废石应尽量考虑回填。废石场选址须符合《一般工业固体废物贮存、处置场污染控制标准》（GB 18599—2001）要求。本题废石场位置应该在圈定的矿石开采移动境界线之外，远离采矿设施（副立井）等。

举一反三：

Ⅰ类场选址要求：

（1）所选场址应符合当地城乡建设总体规划要求。

（2）应选在工业区和居民集中区主导风向下风侧，厂界距居民集中区距离由环境影响评价结论确定。

（3）应选在满足承载力要求的地基上，以避免地基下沉的影响，特别是不均匀或局部下沉的影响。

（4）应避开断层、断层破碎带、溶洞区，以及天然滑坡或泥石流影响区。

（5）禁止选在江河、湖泊、水库最高水位线以下的滩地和洪泛区。

（6）禁止选在自然保护区、风景名胜区和其他需要特别保护的区域。

Ⅰ类场选址的其他要求：应优先选用废弃的采矿坑、塌陷区。

2．说明矿井施工影响地下水的主要环节，提出相应的对策措施。

《环境影响评价案例分析》考试大纲中“二、项目分析（1）分析建设项目施工期和运营期环境影响的因素和途径，识别产污环节、污染因子和污染物特性，核算物耗、水耗、能耗和主要污染物源强；六、环境保护措施分析（1）分析污染控制措施的技术经济可行性”。

本题考查的是矿井施工期间对地下水影响的主要环节。主要是掘进、凿壁过程中穿越含水层，应及时采取封堵措施。

3．拟定的尾矿库周边村庄搬迁方案是否满足环境保护要求？说明理由。

《环境影响评价案例分析》考试大纲中“二、项目分析（4）分析废物处理处置合理性”。

依据环境保护部“关于发布《一般工业固体废物贮存、处置场污染控制标准》（GB 18599—2001）等3项国家污染物控制标准修改单的公告”，一般工业固体废物贮存场所的位置及与周围人群的距离应依据环境影响评价结论确定，经具有审批权的环境保护行政主管部门批准，可作为规划控制的依据。

因此，不能确定搬迁村庄的距离是否满足环境保护要求。

4．提出精矿输送管线泄漏事故的环境风险防范措施。

《环境影响评价案例分析》考试大纲中“五、环境风险评价（2）提出减缓和消除事故环境影响的措施”。

主要从路线布置、管线选材、风险管理、应急预案的角度考虑。本题与“二、化工石化及医药类 案例3 化学原料药改扩建项目”第5题类似。

5．给出该项目地下水环境监测井的设置方案。

《环境影响评价案例分析》考试大纲中“三、环境现状调查与评价（2）制定环境现状调查与监测方案”。

本题与“五、社会服务类 案例5 危险废物处置中心项目”第7题类似。

案例 2　新建铜矿项目

【素材】

A 公司拟建一个大型铜矿。经检测，该处铜矿主要矿物成分为黄铁矿和黄铜矿，且该矿山所在区域为低山丘陵，年均降雨量为 2 000 mm，而且年内分配不均。矿山所在区域赋存地下水分为第四系松散孔隙水和基岩裂隙水两大类。前者赋存于沟谷两侧的残坡积层和冲洪积层中，地下水水量贫乏，与露天开采矿坑涌水关系不大；后者主要赋存于矿区出露最广的千枚地层中，与露天采场矿坑涌水关系密切。

矿山开发利用方案如下：① 采用露天开采方式，开采规模 5 000 t/d；② 露天采场采坑最终占地面积为 50.3 hm^2，坑底标高−192 m，坑口标高 72 m，采坑废石和矿石均采用汽车运输方式分别送往废石场和选矿厂。采坑废水通过管道送往废石场废水调节库。③ 选矿厂设粗碎站、破碎车间、磨浮车间、脱水车间和尾矿输送系统等设施。矿石经破碎、球磨和浮选加工后得铜精矿、硫精矿产品，产生的尾矿以尾矿浆（固体浓度 25%）的形式，通过沿地表铺设的压力管道输送至 3 km 外的尾矿库，尾矿输送环节可能发生管道破裂尾矿浆泄漏事故。④ 废石场位于露天采场北侧的沟谷，占地面积 125.9 hm^2，总库容 $1\,400\times10^4\ m^3$，设拦挡坝、废水调节库（位于拦挡坝下游）和废水处理站等设施。废水处理达标后排入附近地表水体。⑤ 尾矿库位于露天采场西北面 1.6 km 处的沟谷，占地面积 99 hm^2，总库容 $3.1\times10^7\ m^3$，尾矿浆在尾矿库澄清，尾矿库溢流清水优先经回水泵站回用于选矿厂，剩余部分经处理达标后外排。

通过固体废物鉴别试验，废石为第Ⅱ类一般工业固体废物。

【问题】

根据上述背景材料，请回答以下问题：

1．指出影响采坑废水产生量的主要因素，并提出减少产生量的具体措施。

2．给出废石场废水的主要污染物和可行的废水处理方法。

3．针对尾矿输送环节可能的泄漏事故，提出相应的防范措施。

4．给出废石场（含废水调节库）地下水跟踪监测点的布设要求。

【参考答案】

1. 指出影响采坑废水产生量的主要因素，并提出减少产生量的具体措施。

答：影响采坑废水产生量的主要因素如下：

① 开采区面积、开采深度、开采时序或方式；

② 地表径流；

③ 围岩结构；

④ 降雨；

⑤ 地下水补给。

减少采坑废水产生量的措施：

① 合理规划，分期分区开采，严格控制开采作业面的面积。

② 采坑外围设置截排水设施或截洪沟，避免采坑区外地表径流汇入。

③ 采坑区内设置雨水收集池，完善排水设施。

④ 结合治理进行生态植被恢复和植被护坡，以减少采坑废水产生量。

2. 给出废石场废水的主要污染物和可行的废水处理方法。

答：废石场废水的主要污染物为：pH、SS、铜、铁、硫化物等。可行的废水处理方法：废石场设置了废水调节库和废水处理站，应做好防渗处理。生产废水经石灰石中和，再经沉淀池，废水经沉淀处理，再经化学絮凝沉淀和过滤处理后，回用于选矿厂，或经监测达标后回用于采场内降尘、绿化，尽量少排或不排入附近地表水体。

3. 针对尾矿输送环节可能的泄漏事故，提出相应的防范措施。

答：可以采取如下泄漏风险防范措施：

（1）源头控制措施：在项目建设初期，应该避开山丘等容易发生地质灾害的区域。采用先进的工艺，优化配置，减少尾矿输送水量。采用优质的管材，配备备用的管道，在设计时尽量减少阀门及接口的数量，减少输送过程的跑、冒、滴、漏。

（2）防渗措施：对废矿输送管道采取防渗措施，并且设置截流设施和事故废水收集池，将泄漏的废矿输送废水收集到事故收集池；对事故收集池也应采取防渗措施，防渗措施应满足防渗标准要求，并设置防渗衬层检测系统。

（3）加强日常巡察，对输送矿浆管线定期维护维修。

（4）事故泄漏应急防范措施：设置应急预案并加强事故应急演练，一旦造成地下水污染，应采取应急措施，并对受污染的地下水进行处理。

（5）设置安全防护隔离带，并树立尾矿输送管线安全标识牌。

4. 给出废石场（含废水调节库）地下水跟踪监测点的布设要求。

答：该项目为有色金属采选类项目，项目废石场地下水环境影响评价类别为Ⅰ，所以地下水评价工作等级至少为二级评价。

根据《环境影响评价技术导则 地下水环境》（HJ 610—2016），一级、二级评价的建设项目跟踪监测点布设一般不少于 3 个，应至少在建设项目场地及其上、下游各布设 1 个；又已知废石属性为第Ⅱ类一般工业固体废物，根据《一般工业固体废物贮存、处置场污染控制标准》（GB 610—2001）固体废物处置场周边应至少设置三口地下水质监控井。一口沿地下水水流向设在贮存、处置场上游，作为对照井；第二口沿地下水流向设在贮存、处置场下游，作为污染监视监测井；第三口设在最可能出现扩散影响的贮存、处置场周边，作为污染扩散监测井。

因此，废石场（含废水调节库）地下水跟踪监测点布设数目不得少于 3 个，具体布设如下：在废石场（含废水调节库）地下水流向上游设置 1 个跟踪监测井，背景值监测点；废石场下游设置 1 口跟踪监测点，作为污染影响跟踪监测点；在废石场最可能出现扩散的周边区域设置 1 口跟踪监测点，作为污染扩散跟踪监测点。

【考点分析】

本案例是根据 2012 年案例分析真题改编而成。采掘类案例是近几年全国环境影响评价工程师职业资格考试的重点内容之一。矿产资源开发利用项目按产品性质分类，有石油天然气、金属矿（黑色金属、有色金属）和非金属矿（煤矿、磷矿、石料、陶土等）；按其开采方式，有露天开采和地下开采（酮采）两类，其涉及知识考点范围广泛。

1．指出影响采坑废水产生量的主要因素，并提出减少产生量的具体措施。

《环境影响评价案例分析》考试大纲中“四、环境影响识别、预测与评价（1）识别环境影响因素与筛选评价因子”；“六、环境保护措施分析（2）分析生态影响防护、恢复与补偿措施的技术经济可行性”。

矿坑废水量与矿床种类、地质结构、围岩结构、采业作业方法、水文地质等因素密切相关，在回答污染防治措施时，要注意生态防治措施比如生态修复及护坡等不能漏项。

2．给出废石场废水的主要污染物和可行的废水处理方法。

《环境影响评价案例分析》考试大纲中“六、环境保护措施分析（1）分析污染控制措施的技术经济可行性”。

矿山废水处理方法要结合矿山性质，比如说本题目是金属矿山，那么就和非金属矿山的污染物不同，尤其是特征污染物不同，考生在回答这一类问题时要结合项目的特点全面回答。

3．针对尾矿输送环节可能的泄漏事故，提出相应的防范措施。

《环境影响评价案例分析》考试大纲中“五、环境风险评价（2）提出减缓和消除事故环境影响的措施”。

举一反三：

环境评价中，一般有管线的地方都存在泄漏风险问题，如石油天然气管道泄漏问题、采掘行业矿浆管线泄漏问题、污水处理站污水管线泄漏问题、化工厂有害气体泄漏问题等，而且管线类风险防范措施都具有一定的相似性，所以考生把握好这一点，答题就不容易漏项，遇到相同的题目就可以举一反三。

4．给出废石场（含废水调节库）地下水水质监测点的布设要求。

《环境影响评价案例分析》考试大纲中“六、环境保护措施分析（1）分析污染控制措施的技术经济可行性”。

举一反三：

地下水跟踪监测点应当按最新的《环境影响评价技术导则　地下水环境》（HJ 610—2016）和《一般工业固体废物贮存、处置场污染控制标准》（GB 610—2001）的要求进行布设。考生应当将布点原则及题目介绍的背景条件相结合，并根据项目自身特点，进行综合考虑。以下是《环境影响评价技术导则　地下水环境》跟踪监测布点的有关规定和《一般工业固体废物贮存、处置场污染控制标准》第Ⅱ类一般工业固体废物场地的地下水质监控井的有关规定。

《环境影响评价技术导则　地下水环境》（HJ 610—2016）跟踪监测布点的有关规定：

11.3.2.1　跟踪监测点数量要求：

a）一级、二级评价的建设项目，一般不少于3个，应至少在建设项目场地及其上、下游各布设1个。一级评价的建设项目，应在建设项目总图布置基础之上，结合预测评价结果和应急响应时间要求，在重点污染风险源处增设监测点；

b）三级评价的建设项目，一般不少于1个，应至少在建设项目场地下游布置1个。

11.3.2.2　明确跟踪监测点的基本功能，如背景值监测点、地下水环境影响跟踪监测点、污染扩散监测点等，必要时，明确跟踪监测点兼具的污染控制功能。

《一般工业固体废物贮存、处置场污染控制标准》（GB 610—2001）第Ⅱ类一般工业固体废物场地的地下水质监控井的有关规定：

为监控渗滤液对地下水的污染，贮存、处置场周边至少应设置三口地下水质监控井。一口沿地下水水流向设在贮存、处置场上游，作为对照井；第二口沿地下水流向设在贮存、处置场下游，作为污染监视监测井；第三口设在最可能出现扩散影响的贮存、处置场周边，作为污染扩散监测井。

当地质和水文地质资料表明含水层埋藏较深，经论证认定地下水不会被污染时，可以不设置地下水质监控井。

案例 3　露天金属矿改扩建项目

【素材】

某大型金属矿所在区域为南方丘陵区，多年平均降水量 1 670 mm，属泥石流多发区，矿山上部为褐铁矿床，下部为铜、铅、锌、镉、硫铁矿床。矿床上部露天铁矿采选规模为 1.5×10^6 t/a，现已接近闭矿。现状排土场位于采矿西侧一盲沟内，接纳剥离表土、采场剥离物和选矿废石，尚有约 8.0×10^4 m^3 可利用库容。排土场未建截排水设施，排土场下游设拦泥坝，拦泥坝出水进入 A 河，露天铁矿采场涌水直接排放 A 河，选矿废水处理后回用。

现在拟在露天铁矿开采基础上续建铜硫矿采选工程，设计采选规模为 3.0×10^6 t/a，采矿生产工艺流程为剥离、凿岩、爆破、铲装、运输，矿山采剥总量为 2.6×10^7 t/a，采矿排土依托现有排土场。新建废水处理站处理采场涌水，选矿矿生产工艺流程为破碎、磨矿、筛分、浮选、精矿脱水，选矿厂建设尾矿库并配套回用水、排水处理设施，其他公辅设施依托现有工程。尾矿库位于选矿厂东侧一盲沟内，设计使用年限 30 年，工程地质条件符合环境保护要求。

续建工程采、选矿排水均进入 A 河。采矿排水进入 A 河位置不变，选矿排水口位于现有排放口下游 3 500 m 处。

在 A 河设有三个水质监测断面，$1^{\#}$断面位于现有工程排水口上游 1 000 m，$2^{\#}$断面位于现有工程排水口下游 1 000 m，$3^{\#}$断面位于现有工程排水口下游 5 000 m，$1^{\#}$、$3^{\#}$断面水质监测因子全部达标。$2^{\#}$断面铅、铜、锌、镉均超标。土壤现状监测结果表明，铁矿采区周边表层土壤中铜、铅、镉超标。采场剥离物、铁矿选矿废石的浸出试验结果表明：浸出液中危险物质浓度低于危险废物鉴别标准。

矿区周边有 2 个自然村庄，甲村位于 A 河 $1^{\#}$断面上游，乙村位于 A 河 $3^{\#}$断面下游附近。

【问题】

1. 列出该工程还需配套建设的工程和环保措施。
2. 指出生产工艺过程中涉及的含重金属的污染源。
3. 指出该工程对甲、乙村庄居民饮水是否会产生影响？并说明理由。
4. 说明该工程对农业生态影响的主要污染源和污染因子。

【参考答案】

1．列出该工程还需配套建设的工程和环保措施。

答：（1）续建工程拟利用的原铁矿排土场，需建设截排水设施及拦泥坝出水回用设施；

（2）续建工程的尾矿库需建设截排水设施及坝后渗水池（或消力池），且尾矿库及渗水池需采取防渗措施；

（3）需配套建设续建工程选矿厂至尾矿库的输送设施；

（4）露天铁矿闭矿后，需对原铁矿选矿厂采取改造利用或进行处理；

（5）破碎、磨矿、筛分车间的粉尘治理设施；

（6）泥石流防护工程。

（7）尾矿库与选矿厂废水排放的监测设施。

2．指出生产工艺过程中涉及的含重金属的污染源。

答：（1）含重金属的扬尘或粉尘污染源：采矿中的凿岩、爆破、铲装、运输，选矿中的破碎、磨矿、筛分；

（2）排放（特别是非正常排放）的水体中含有重金属的污染源：选厂排水设施；尾矿及排水设施；采场涌水及处理站。

3．指出该工程对甲、乙村庄居民饮水是否会产生影响？并说明理由。

答：（1）对甲村饮水不会产生影响。因甲村位于现有工程排水口上游 1 000 m、1#监测断面的上游，且所处满足要求段的水质不超标，其距离拟建工程选厂排水口也较远（4 500 m 以外）。因此，拟建工程选矿排水不会影响到甲村。

（2）对乙村饮水将产生影响。因为乙村位于本工程新建排水口下游 1 500 m 附近，虽然现状水质不超标，但根据现有采选规模较小的铁矿排水口下游 1 000 m 的 2#断面重金属超标的情况来看，续建规模较大的本工程营运后排水可能会导致乙村所处满足要求段出现重金属超标。

4．说明该工程对农业生态影响的主要污染源和污染因子。

答：该工程对农业生态影响的主要污染源为：

（1）采场及采矿中的凿岩、爆矿、铲装、运输；

（2）选矿厂的破碎车间、磨矿车间和筛分车间；

（3）采场涌水处理站及选矿厂排水设施；

（4）尾矿库及其渗水池。

主要污染因子是：粉尘、铜、铅、锌、镉。

【考点分析】

1．列出该工程还需配套建设的工程和环保措施。

《环境影响评价案例分析》考试大纲中“六、环境保护措施分析（1）分析污染控制措施的技术经济可行性”。

举一反三：

尽管本题是单纯的提环保措施的题，但需要考生在环境影响识别的基础上才能正确作答，因此只有在正确、完整进行影响识别和判断后才能提出环保措施。

2．指出生产工艺过程中涉及的含重金属的污染源。

《环境影响评价案例分析》考试大纲中“四、环境影响识别、预测与评价（1）识别环境影响因素与筛选评价因子”。

3．指出该工程对甲、乙村庄居民饮水是否会产生影响？并说明理由。

《环境影响评价案例分析》考试大纲中“四、环境影响识别、预测与评价（1）识别环境影响因素与筛选评价因子”。

举一反三：

本题虽然表面上看属于判断题，但需要采取环保的观点在进行分析、类比、定性预测后才能得出结论，这也可以看出案例分析考试的特点在逐步注重实践，注重细节。

4．说明该工程对农业生态影响的主要污染源和污染因子。

《环境影响评价案例分析》考试大纲中“四、环境影响识别、预测与评价（1）识别环境影响因素与筛选评价因子”。

举一反三：

对农业生态的影响大体可从如下几方面入手分析：

（1）废气扬尘影响农田土壤环境质量；

（2）废水排放进入农田影响农田灌溉水质；

（3）渗滤液泄漏污染地下水间接影响农田水质等方面。

案例 4 油田开发项目

【素材】

某油田开发工程位于东北平原地区，当地多年平均降水量 780 mm，第四系由砂岩、泥岩、粉砂岩及砂砾岩构成；地下水含水层自上而下为第四系潜水层（埋深 3～7 m）、第四系承压含水层（埋深 6.8～14.8 m）、第三系中统大安组含水层（埋深 80～130 m）、白垩系上统明水组含水层（埋深 150～2 000 m）；第四系潜水层与承压含水层间有弱隔水层；第四系潜水层局部地下水已经受到了污染。油田区块面积为 60 km^2，区块内地势较平坦，南部、西部为草地，无珍稀野生动植物；北部、东部为耕地，分布有村庄。

本工程建设内容包括：生产井 552 口（含油井 411 口，注水井 141 口），联合站 1 座，输油管线 210 km，注水管线 180 km，伴行道路 23 km。工程永久占地 56 hm^2，临时占地 540 hm^2。油田开发井深 1 343～1 420 m（垂深）。本工程开发活动包括钻井、完井、采油、集输、联合站处理、井下作业等过程，钻井过程使用的钻井泥浆主要成分是水和膨润土。工程设计采用注水、机械采油方式，采出液经集输管线输送至联合站进行油、气、水三相分离，分离出的低含水原油在储油罐暂存，经站内外输泵加压、加热炉加热外输；分离出的加热伴生天然气进入储气罐，供加热炉作燃料，伴生天然气不含硫，分离出的含油污水经处理满足回注水标准后全部输至注水井回注采油井。

【问题】

1．指出联合站排放的两种主要大气污染物。

2．给出本工程环评农业生态系统现状调查内容。

3．分别说明钻井、采油过程中产生的一般工业固体废物和危险废物。

4．分析采油、集输过程可能对第四系承压水产生污染的途径。

【参考答案】

1．指出联合站排放的两种主要大气污染物。

答：（1）非甲烷总烃；（2）NO_2（或 NO_x）。

2. 给出该工程环评农业生态系统现状调查内容。

答：(1) 农田土壤质量的调查，包括土壤类型、结构、厚度、肥力、pH、石油类、有机质及金属离子等的调查与监测。

(2) 耕地与基本农田的面积及分布。

(3) 主要农作物及其产量。

(4) 主要的农业生态问题，包括自然灾害。

(5) 水土流失现状。

(6) 现有的农灌设施和水土保持措施。

3. 分别说明钻井、采油过程中产生的一般工业固体废物和危险废物。

答：(1) 一般工业固体废物：钻井岩屑，钻井废弃泥浆。

(2) 危险废物：油泥、落地油。

4. 分析采油、集输过程可能对第四系承压水产生污染的途径。

答：(1) 钻井密封不严，导致已污染的局部第四系潜水层和承压水层的串层。

(2) 集输管线破裂，石油泄漏污染第四系承压水。

(3) 注水井管套破裂，井壁出现裂缝，回注水外返污染第四系承压水。

(4) 落地油下渗，污染潜水层，再通过弱隔水层污染第四系承压水。

(5) 集输过程中的跑冒滴漏污染第四系承压水的补给区，进而污染第四系承压水。

【考点分析】

本案例是根据 2013 年案例分析考试试题改编而成，需要考生认真体会，综合把握。

1. 指出联合站排放的两种主要大气污染物。

《环境影响评价案例分析》考试大纲中“二、项目分析（1）分析建设项目施工期和运营期环境影响的因素和途径，识别产污环节、污染因子和污染物特性，核算物耗、水耗、能耗和主要污染物源强”。

本题只需列出两种主要的即可。

2. 给出该工程环评农业生态系统现状调查内容。

《环境影响评价案例分析》考试大纲中“三、环境现状调查与评价（2）制定环境现状调查与监测方案”。

该题是农业生态系统现状调查的基本内容。

3. 分别说明钻井、采油过程中产生的一般工业固体废物和危险废物。

《环境影响评价案例分析》考试大纲中“二、项目分析（1）分析建设项目施工期和运营期环境影响的因素和途径，识别产污环节、污染因子和污染物特性，核算物耗、水耗、能耗和主要污染物源强”。

注意：本题钻井泥浆主要成分是水和膨润土，一般被认为是一般工业固体废物。

4．分析采油、集输过程可能对第四系承压水产生污染的途径。

《环境影响评价案例分析》考试大纲中“二、项目分析（1）分析建设项目施工期和运营期环境影响的因素和途径，识别产污环节、污染因子和污染物特性，核算物耗、水耗、能耗和主要污染物源强”。

案例5 洋丰油田开发项目

【素材】

洋丰油田拟在A省B县开发建设40 km^2油田开发区块，计划年产原油80万t。工程拟采用注水开采的方式，管道输送原油。该区块拟建油井870口，采用丛式井。钻井废弃泥浆、钻井岩屑、钻井废水全部进入井场泥浆池自然干化，就地处理。输油管线长120 km，埋地敷设方式。油田开发区块土地类型主要为林地、草地和耕地。开发区永久占地21 hm^2（主要土地类型及工程永久占地面积见表1），开发区内分布有若干小水塘。有条小河——白河（属地表水III类水体，且无国家及地方保护的水生生物）流经区块内，输油管线将穿越白河，并在区块外9 km处汇入中型河——荆河（属地表水III类水体，且无国家及地方保护的水生生物），在交汇口处下游6 km处进入B县集中式饮用水源地二级保护区，区块内有一处省级天然林自然保护区，面积约600 hm^2。工程施工不在保护区范围内，井场和管线与自然保护区边缘的最近距离为500 m。

表1 主要土地类型和工程永久占地面积 单位：hm^2

类型	基本农田	草地	林地	河流水塘	合计
区块现状	1 210	900	1 300	90	3 500
工程占地	7.9	11.9	0.8	0.4	21.0

【问题】

根据所提供的素材，请回答以下问题：

1．试确定该项目的生态评价范围。

2．该项目的生态环境保护目标有哪些？

3．请识别该项目环境风险事故源项，并判断事故的主要环境影响。

4．从环境保护角度判断完井后固体废物处理方式存在的问题，并简述理由。

5．简述输油管道施工对生态的影响。

【参考答案】

1．试确定该项目的生态评价范围。

答：由于该项目500 m外涉及敏感保护目标，即省级天然林自然保护区，故生态环境评价等级确定为一级。

根据该类项目特点，从开采境界这一区域来评价，生态评价范围是以油田开发区域35 km^2为基础向周边扩展3 km范围。

输油管线评价范围是工程占地区外围500 m，虽然在500 m外的省级天然林自然保护区内没有任何生产及施工行为，但生态影响评价范围应将该省级天然林自然保护区包括在内。

2．该项目的生态环境保护目标有哪些？

答：该项目的生态环境保护目标主要有：省级天然林保护区、B县集中式饮用水源地二级保护区、基本农田、草地、林地、水塘和地表水（白河、荆河）。

3．请识别该项目环境风险事故源项，判断事故的主要环境影响。

答：该项目环境风险事故源项主要是：钻井作业发生井喷事故、集输管线破裂及站场等储油设施破损导致原油泄漏或遇火引发的环境风险事故、井壁坍塌导致地下水污染事故。

环境风险事故的主要环境影响表现在：

（1）在事故条件下，原油中烃类组分挥发进入大气造成大气环境污染，将危及人群健康和生命。如果由此引发火灾事故，会对大气环境、周边人群及生态环境造成危害。

（2）事故时，泄漏的原油会造成土壤的污染，使土壤透气性下降，影响植物生长，严重时可导致植物死亡。

（3）泄漏的原油会随地表径流进入地表水，造成水体污染，不仅影响水生生物正常生长与繁殖，还会影响地表水功能。

（4）石油烃类着火发生爆炸易酿成安全事故，在灭火过程中不仅大量的人员、机械活动会对生态造成破坏，还存在灭火剂对环境的污染。

（5）井壁坍塌有可能导致原油和回注水（往往含盐量较高）串流至饮用水开采层，导致地下水污染。

4．从环境保护角度判断完井后固体废物处置方式存在的问题，并简述理由。

答：钻井废弃泥浆、钻井岩屑、钻井废水采取在井场泥浆池中自然干化，就地处理，这种方式存在环境污染问题，不符合固体废物处置规范。

理由：钻井废弃泥浆、钻井岩屑、钻井废水虽然均产生于井场钻井过程，但分别属于不同的污染物类型，其具体来源、成分均不同，不应混合在一起处理，且现状处理方式不符合固废处理的“减量化、资源化、无害化”原则，而应分别进行处理。正确做法是：将井场泥浆池进行防渗处理，并设置围堰（防止钻井泥浆及废水渗漏外溢）及渗滤液导排装置，渗滤液收集后集中处理。废弃泥浆加固化剂固化后就地填埋，表面覆土并种植植被恢复生态环境。

5．简述输油管道施工对生态的影响。

答：输油管道施工对生态将会产生下列影响：

（1）本输油管道施工主要会对油田开发区内地表植被、土壤、河流（白河）等沿线区域造成明显的破坏或不利的影响。主要表现在：

① 施工将改变原来的土地利用类型；

② 输油管道施工将破坏地表保护层，加快土壤侵蚀过程，使沿线区域失去其原有的生态功能；

③ 输油管道施工将对区域内自然植被产生一定程度的破坏，因管道中心线两侧不能种植根深植物；

④ 由于施工期内输油管线将穿越白河，因此白河的水质及水生生物会受到短期影响。

（2）由于其距离省级天然林自然保护区较近，因此，虽然不占用保护区土地，但施工时对自然保护区将产生间接的不利影响，主要表现在：

① 临时用地可能选择在距离保护区更近的区域；

② 施工活动对林地内野生动物的干扰；

③ 保护区外围地带的生态环境变差。

【考点分析】

2006年、2008年及2009年全国环境影响评价工程师职业资格考试中都有油田开发项目，其属于采掘类行业案例。本题与2008年真题类似。

1．试确定该项目的生态评价范围。

《环境影响评价案例分析》考试大纲中“四、环境影响识别、预测与评价（3）确定评价工作等级和评价范围”。

举一反三：

根据《环境影响评价技术导则 陆地石油天然气开发建设项目》（HJ/T 349—2007）生态环境影响评价范围的确定原则如下：

> 4.6.3.1 确定原则
>
> 生态因子之间互相影响和相互依存的关系是划定评价范围的原则和依据。因此确定的生态影响评价的范围应保证评价区域与周边环境的生态完整性。
>
> 4.6.3.2 区域性建设项目以影响区范围向四周外扩原则确定评价范围：
>
> a)一级评价范围为建设项目影响范围并外扩2～3 km(影响区边界涉及敏感区部分外扩3 km)；

b）二级评价范围为建设项目影响范围并外扩 2 km；

c）三级评价范围为建设项目影响范围并外扩 1 km。

4.6.3.3 线状建设项目以向线状两侧外扩原则确定评价范围：

a）一级评价范围为油气集输管线（油区道路）两侧各 0.5 km 带状区域；

b）二、三级评价范围为油气集输管线（油区道路）两侧各 0.2 km 带状区域。

该项目属于油田开采项目，必须按照《环境影响评价技术导则 陆地石油天然气开发建设项目》进行答题。

2．该项目的生态环境保护目标有哪些？

《环境影响评价案例分析》考试大纲中“三、现状调查与评价（1）判定评价范围内环境敏感区”。

3．请识别该项目环境风险事故源项，判断事故的主要环境影响。

《环境影响评价案例分析》考试大纲中“五、环境风险评价（1）识别重大危险源并描述可能发生的环境风险事故”。

举一反三：

环境风险评价是环境影响评价的重要内容。在做任何一个案例题目时，均应考虑其是否有环境风险因素。如果有，就需要深入地进行分析评价。不仅只有污染型项目需进行环境风险评价，交通运输项目也涉及环境风险评价，如公路、铁路、石油天然气输送管道等；此外，采掘类项目也涉及环境风险评价，如石油开采、天然气开采、煤层气开采、煤矿开采等。

对于油田开发项目而言，环境事故主要发生于钻井（井下作业）、原油集输管线以及站场等工艺环节，潜在危险因素主要有腐蚀、误操作、设备缺陷、设计问题，涉及的主要事故类型为井喷事故和管线破裂导致的泄漏。

4．从环境保护角度判断完井后固体废物处置方式存在的问题，并简述理由。

《环境影响评价案例分析》考试大纲中“六、环境保护措施分析（1）分析污染控制措施的技术经济可行性”。

举一反三：

当考生遇到涉及固体废物处置的问题时，首先应当辨别固体废物是一般固体废物还是危险固体废物。危险废物的分类通常有两种：一是按危险废物有害特性分类。按危险废物有害特性分类，可分六种：易燃性、反应性、腐蚀性、爆炸性、浸出毒性及急性素性。二是按废物有害成分的分子内部结构分类。通常危险废物可分为有机废物和无机废物。有机废物中同系物或衍生物，可分成一类，原因是它们的处置方法可能相似。无机废物可以分为单质（废物主体为单质）和化合物（废物主体为化合物）两类。

对于属于不同类型的污染物，由于其具体来源、成分均不同，不应混合在一起处理，应当分类处置。

5. 简述输油管道施工对生态的影响。

《环境影响评价案例分析》考试大纲中“四、环境影响识别、预测与评价（1）识别环境影响因素与筛选评价因子”。

输油管线相关题材的知识点可参考本书“七、交通运输类　案例 4　新建成品油管道工程”。

采掘类案例小结

采掘类项目既属于污染型项目，同时又具有显著的生态影响。按开发对象一般可分为石油天然气、金属矿（黑色金属、有色金属）和非金属矿（煤矿、磷矿、石料、陶土等）。按开采方式，有露天开采和地下开采两种。

采掘类项目案例往往需要考生对项目工程有较好的理解，考题综合性较强，有一定难度。

一、金属矿采掘项目环评概况及考点总结

1. 工程分析

(1) 露天开采项目：露天采矿、废石场、采矿工业场地、选矿厂、尾矿库、炸药库、废水处理设施、运输管道、矿山道路、生活区等。

(2) 地下开采项目：主井、副井、风井、废石场、采矿工业场地、选矿厂、充填搅拌站、尾矿库、炸药库、废水处理设施、运输管道、矿山道路、生活区等。

2. 现状调查

(1) 生态调查应突出的调查重点：评价范围内土地利用现状、植被类型分布现状、植被覆盖度、植被生物量、水土流失现状、土壤类型等；明确评价范围内有无国家级和地方重点保护野生动植物集中分布区或栖息地、国家级和地方级自然保护区、生态功能保护区以及其他类型的保护区域。

(2) 地表水、地下水环境质量调查。

(3) 技改及改扩建项目移民安置情况调查：移民安置情况调查内容应以涉及环境的相关内容为主，包括污水和垃圾处置情况、水土保持情况、移民搬迁前后环境变化情况等。

(4) 其他。

3. 主要污染

(1) 废水：露天（地下）矿坑涌水、废石场淋滤废水、尾矿库渗滤水及排洪水。

(2) 废气：采矿、运输扬尘、选矿废气、尾矿库干滩扬尘。

(3) 噪声：采矿场爆破、钻孔、铲运等作业；选矿、碎矿、磨矿；各类泵站。

(4) 固体废物：采矿废石、尾矿。

4. 主要环境影响

(1) 露天（地下）采矿对地下含水层的破坏，对地下水水质、水量的影响。

(2) 废石场淋滤废水排放、尾矿库排洪水对下游地表水环境的影响。

(3) 露天采矿、废石堆存、尾矿堆存占地对生态环境的影响。

(4) 地下采矿地表沉降影响。

(5) 工程设施对景观环境的影响。

5. 近几年考点总结

(1) 废石处置措施合理性分析。

(2) 废水源及防治措施。

(3) 地下水环境影响环节及处理措施；地下水环境监测井布设。

(4) 精矿、尾矿运输管线风险防范措施。

(5) 农业生态影响源及污染因子。

(6) 含重金属污染源辨识。

二、石油天然气采掘项目考点总结

(1) 特征污染因子。

(2) 固体废物性质鉴别及处置措施。

(3) 输油管道风险防范措施。

(4) 生态环境评价范围、生态环境保护目标、农业生态系统现状调查、生态环境影响分析。

(5) 地下水污染途径分析。

七、交通运输类

案例 1　道路改扩建项目

【素材】

拟对某一现有省道进行改扩建，其中拓宽路段长 16 km，新建路段长 8 km，新建、改建中型桥梁各 1 座，改造段全线为二级干线公路，设计车速 80 km/h，路基宽 24 m，采用沥青路面，改扩建工程需拆迁建筑物 6 200 m^2。

该项目沿线两侧分布有大量农田，还有一定数量的果树和路旁绿化带，改建中型桥梁桥址，位于 X 河集中式饮用水源二级保护区外边缘，其下游 4 km 处为该集中式饮用水源保护区取水口。新建桥梁跨越的 Y 河为宽浅型河流，水环境功能类别为Ⅱ类，桥梁设计中有 3 个桥墩位于河床，桥址下游 0.5 km 处为某些鱼类自然保护区的边界。公路沿线分布有村庄、学校等，其中 A 村庄、B 小学和某城镇规划住宅区的概况及公路营运中期的噪声预测结果见表 1。

表 1　噪声预测结果

敏感点	距红线距离	敏感点概况	营运中期的噪声预测结果	路段
A 村庄	4 m	8 户	超标 8 dB(A)	拓宽
城镇规划住宅区	12 m	约 200 户	超标 5 dB(A)	新建
B 小学	围城高 30 m 教学楼高 120 m	学生 100 人、教师 100 人。夜间无人住宿	教学楼昼间达标，夜间超标 2 dB(A)	拓宽

【问题】

1．给出 A 村庄的声环境现状监测时段和评价量。

2．针对表中所列敏感点，提出噪声防治措施并说明理由。

3．为保护饮用水水源地水质，应对跨 X 河桥梁采取哪些配套环保措施？

4．列出 Y 河环境现状调查应关注的重点。

5．可否通过优化桥墩设置和施工工期安排减缓新建桥梁施工对鱼类自然保护区的影响？并说明理由。

【参考答案】

1．给出 A 村庄的声环境现状监测时段和评价量。

答：（1）声环境现状监测时段为昼间和夜间。

（2）评价量分别为昼间和夜间的等效声级[L_{eq}，dB(A)]L_d和L_n。

2．针对表中所列敏感点，提出噪声防治措施并说明理由。

答：（1）A村应搬迁。因为该村超标较高，且处于4a类区，采取声屏障降噪也不一定能取得很好效果，宜搬迁。

（2）城镇规划的住宅区，可采取以下措施：

a．调整线路方案；

b．设置声屏障、安装隔声窗以及绿化；

c．优化规划的建筑物布局或改变前排建筑的功能。

因为该段为新建路段，可以通过优化线路方案，使线路远离规划的住宅区；也可以采取设置声屏障并安装隔声窗、建设绿化带的措施达到有效的降噪效果；当然作为规划住宅区，也可以调整或优化规划建筑布局或改变建筑功能。

（3）B小学。不必采取噪声防治措施。因为营运中期昼间达标，夜间虽然超标，但超标量较小，且夜间学校无人住宿。

3．为保护饮用水水源地水质，应对跨X河桥梁采取哪些配套环保措施？

答：为保护饮用水水源地水质，针对跨X河桥梁可采取如下环保措施：

（1）提高桥梁建设的安全等级；

（2）限制通过桥梁的车速，并设警示标志和监控设施；

（3）设置桥面径流引导设施，防止污水排入水中，并在安全地带设事故池，将泄漏的危化品引排至事故池处置，防止排入水中；

（4）桥面设置防撞装置。

4．列出Y河环境现状调查应关注的重点。

答：（1）关注拟建桥位下游是否有饮用水水源地及取水口；

（2）关注桥位下游鱼类保护区的级别、功能区划，主要保护鱼类及其保护级别、生态特性、产卵场分布，自然保护区的规划及保护要求等；

（3）调查尖嘴流的水文情势，包括不同水期的流量、流速、水位、水温、泥沙含量的变化情况；

（4）调查水环境质量是否满足Ⅱ类水体水质；

（5）沿河是否存在工业污染源，是否有排污口入河。

5．可否通过优化桥墩设置和施工工期安排减缓新建桥梁施工对鱼类自然保护区的影响？并说明理由。

答：（1）可以。

（2）减少桥墩数量（甚至可以考虑不设水中墩），这样就减少了对河道的扰动，降低对水质的污染，由此可以减缓新建桥梁施工对保护区的影响；施工工期安排时，避开鱼类繁殖或洄游季节施工，既可避免对水文情势的改变，也可以减缓对保护区鱼类的影响。

【考点分析】

本案例是根据 2011 年案例分析考试试题改编而成，需要考生认真体会，综合把握。

1. 给出 A 村庄的声环境现状监测时段和评价量。

《环境影响评价案例分析》考试大纲中“三、环境现状调查与评价（1）判定评价范围内环境敏感区；（2）制定环境现状调查与监测方案”。

举一反三：

对于水、气、声、土壤、生态的现状监测与调查方案的制订应该十分熟练，尤其 2016 年新颁布的《环境影响评价技术导则 地下水环境》（HJ 610—2016），对现状采样点位数、采样时段、采样频率、采样深度均有详细要求，请考生注意。

2. 针对表中所列敏感点，提出噪声防治措施并说明理由。

《环境影响评价案例分析》考试大纲中“六、环境保护措施分析（1）分析污染控制措施的技术经济可行性”。

此题的考点简单，而且在历年案例分析考试中反复考到，请引起注意。

3. 为保护饮用水水源地水质，应对跨 X 河桥梁采取哪些配套环保措施？

《环境影响评价案例分析》考试大纲中“六、环境保护措施分析（1）分析污染控制措施的技术经济可行性”。

此题在近几年的案例分析考试中重复出现多次，请考生引起注意。

4. 列出 Y 河环境现状调查应关注的重点。

《环境影响评价案例分析》考试大纲中“三、环境现状调查与评价（1）判定评价范围内环境敏感区；（2）制定环境现状调查与监测方案”。

此题的考点与 2013 年案例分析考试第八题城市污水处理厂改扩建中“3. 为分析工程对 A 河的环境影响，需调查哪些方面的相关资料”基本一致。但是 2013 年的真题考点不仅包括河流涉及的现状调查资料，还包括进行水环境影响预测与分析时需要的相关内容和参数，考点扩大了，但出题角度大同小异，复习时注意总结。

5. 是否可通过优化桥墩设置和施工工期安排减缓新建桥梁施工对鱼类自然保护区的影响？并说明理由。

《环境影响评价案例分析》考试大纲中“六、环境保护措施分析（2）分析生态影响防护、恢复与补偿措施的技术经济可行性”。

举一反三：

环保措施不仅包括常说的废水治理措施、废气治理措施、隔声减震措施、固废填埋措施等常规措施，还包括施工期避开敏感时段、施工布置优化以避开敏感地区和施工方法采用先进工艺等方面。

案例2 新建高速公路项目

【素材】

某省拟建设一条从A市到B市、双向8车道的江济高速公路，项目共投资70亿元，公路全长230 km，设计行车速度120 km/h，路基宽28 m，工程新建特大桥梁2座（其中1座跨C河大桥）和大桥1座，设置3个收费站和5个服务区。属大型建设项目，预计建设前后区域声级变化5～11 dB（A）。

经环评人员现场踏勘，江济高速公路途经65个村庄，并将穿过国家重点保护野生动物活动带。C河段大桥下游7 km处有D县生活饮用水源保护区。A市和B市都有火电厂，粉煤灰运回自己的贮存场堆放。该工程所在区域雨量充沛，夏季多暴雨。森林覆盖率约40%，均为人工森林和天然林。

【问题】

根据所提供的素材，请回答以下问题：

1. 有关生态影响的工程分析内容主要有哪些？
2. 请说明该项目生态环境现状调查的重点内容有哪些。
3. 请确定该项目噪声评价等级，并简述理由。
4. 评价运营期噪声影响，需要的主要技术资料有哪些？
5. 请阐述6项保护耕地的措施。
6. 桥梁运营期环境风险防范的具体措施及建议。

【参考答案】

1. 有关生态影响的工程分析内容主要有哪些？

答：有关生态影响的工程分析内容主要有：

（1）工程涉及的2座特大桥梁和1座大桥的名称、规模、点位；跨河大桥水中墩的数量、规模及其施工方式。

（2）高填方路段的占地类型和数量，特别是占用基本农田情况。

（3）边坡防护：主要为深挖路段，弃渣场设置及其占地类型、数量。

（4）主要取土场设置和其恢复设计，公路采石场及沙石料场情况；

（5）营运期永久占地及施工期临时征用土地的数量及其他基本情况等。

2．请说明该项目生态环境现状调查的重点内容有哪些。

答：该项目生态环境现状调查的重点内容有：

（1）评价区的生态现状：沿线森林生态系统结构、类型、生态功能，包括涵养水源、水土流失防治等生态功能规划。森林覆盖率、生物量、生产力、生物多样性调查，有无珍稀濒危受保护植物物种。沿线气候特征、土壤状况、地形地貌水文情况及地下水文分布调查。

（2）评价区的生态环境敏感目标：国家重点保护动物的名称、种类、保护级别、数量及生存状况，包括食源地、栖息地、繁殖场所、迁徙路线等是否受工程影响，影响程度和范围，以及工程建成后的发展趋势。河流水生生态结构类型和保护状况，有无珍稀濒危鱼类及经济鱼类，有无“三场”分布等；沿线水源地及取水口保护和规划情况，目前面临的问题等。

（3）评价区现存的环境问题。包括森林功能退化、天然林向人工林转变、水土流失、泥石流坍塌滑坡等现象发生的区域和范围。保护物种种群面临的生态压力和问题，以及人类社会经济活动对动物种群的影响和干扰，指出相关问题的类型、成因和发展趋势。

3．请确定该项目噪声评价等级，并简述理由。

答：该项目噪声评价等级确定为一级。

理由：江济高速公路建设前后区域声级变化 5～11 dB（A），江济高速公路途经 65 余个村庄，涉及人口众多；声环境功能区为居民集中区，噪声影响声级变化幅度较大，且有国家重点保护野生动物。根据《环境影响评价技术导则　声环境》（HJ 2.4—2009）的规定，确定该项目噪声评价等级为一级。

4．评价运营期噪声影响，需要的主要技术资料有哪些？

答：（1）工程技术资料：公路路段、道路结构、坡度、路面材料、标高、交叉口、道桥数量；

（2）车流情况：分段给出公路、道路昼间和夜间各类型车辆的平均车流量、车速、车型；确定沿线村庄与公路的相对位置、距离及高度差；

（3）环境状况：公路至预测点之间的地面类型，公路与预测点之间的声传播障碍物（如树林、灌木等）的分布情况，地形高差等以及风向、风速、气温、湿度等气象资料；

（4）敏感点参数：敏感点名称、类型、所在路段、桩号（里程）和路基的相对高差、人口数量、沿线分布情况、建筑物的朝向、楼房层数、现状背景噪声和拟采用的评价标准等。

5．请阐述 6 项保护耕地的措施。

答：保护耕地的措施主要有：

（1）合理选线，尽可能少占耕地；临时占地选址也应尽可能避开耕地。

（2）以桥代路，采用低路基或以桥隧代路基，少占用耕地。

（3）保留表层土壤，对于临时占用耕地，建设完工后及时回填表土，复垦为耕地。

（4）合理设置取、弃土场位置。

（5）充分利用A市及B市电厂粉煤灰作为路基填料，减少从耕地内取土。

6．桥梁运营期环境风险防范的具体措施及建议。

答：桥梁营运期的风险主要是运输危险品车辆发生交通事故时危险品泄漏对下游饮用水水源地的污染。环境风险防范的具体措施及建议如下：

（1）设置桥面径流收集系统，并设置事故应急水池。当发生事故后及时切断桥面径流与河流的导排关系，将事故废水全部收集到应急水池集中处理，避免直接排入河流；

（2）设置防撞护栏；

（3）提高桥梁建设安全等级；

（4）在桥入口处设置警示标志和监控设施，运输危险品的机动车辆车身侧面需印有统一的标志；

（5）限制运输危险化学品车辆的速度；

（6）加强危险化学品车辆的运输管理，颁发“三证”（驾驶证、押运证、准运证）方可运输危险品，并实施运输危险品车辆的登记和全程监控制度；

（7）制定完善的环境风险应急预案；

（8）有货物滴漏遗撒或危险化学品的超载车辆禁止上桥，防止滴漏遗撒货物因雨水冲刷造成C河污染；

（9）公安部门、运输管理部门以及消防部门可以为危险化学品车辆指定特殊的行驶路线，使其停在指定的停车区域。

【考点分析】

公路项目为历年案例分析考试必考的行业案例，属于高频考点，考生应当对公路项目有足够的重视。公路项目一般的主要考点为生态影响、声环境影响和环境风险。本题是根据2008年真题改编而成的。2012年又考过一次类似的考题，考点亦有雷同。

1．有关生态影响的工程分析内容主要有哪些？

《环境影响评价案例分析》考试大纲中“二、项目分析（1）分析建设项目施工期和运营期环境影响的因素和途径，识别产污环节、污染因子和污染物特性，核算物耗、水耗、能耗和主要污染物源强”。

举一反三：

生态环境影响评价的工程分析一般应当把握如下要点：

（1）工程组成完全。即把所有工程活动都纳入分析中，一般建设项目工程组成有主体工程、辅助工程、配套工程、公用工程和环保工程。工程分析中必须将所有的工程建设活动，无论是临时的还是永久的，施工期还是运营期的，直接或相关的都考虑在内。

（2）重点工程明确：造成环境影响的工程，应作为重点的工程分析对象，明确其名称、位置、规模、建设方案、施工方案和运营方式等。一般还应将其涉及的环境作为分析对象，因为同样的工程发生在不同的环境中，其影响作用是不一样的。

（3）全过程分析：生态环境影响是一个过程，不同时期有不同的问题需要解决，因此必须做全过程分析。一般可将全过程分为选址选线期（工程预可研期）、设计方案期（初步设计与工程设计）、建设期（施工期）、运营期和运营后期（结束期、闭矿期、设备退役期和渣场封闭期）。

2. 请说明该项目生态环境现状调查的重点内容有哪些？

《环境影响评价案例分析》考试大纲中“三、环境现状调查与评价（1）判定评价范围内环境敏感区；（2）制定环境现状调查与监测方案”。

举一反三：

生态环境现状调查至少要进行两个阶段：影响识别和评价因子筛选前要进行初次调查与现场踏勘；环境影响评价中要进行详细勘测与调查。

考生在回答生态环境现状调查类问题时，要按照《环境影响评价技术导则—生态环境》中的内容并结合考题背景来回答。

3. 请确定该项目噪声评价等级，并简述理由。

《环境影响评价案例分析》考试大纲中“四、环境影响识别、预测与评价（3）确定评价工作等级和评价范围”。

举一反三：

《环境影响评价技术导则　声环境》（HJ 2.4—2009）已由中华人民共和国环境保护部于 2009 年 12 月 23 日颁布，于 2010 年 4 月 1 日正式实施。“新”导则与“旧”导则的区别之一为：建设项目规模不再作为评价等级的判据。请广大考生在复习时一定要熟读新导则的各项条款。

《环境影响评价技术导则　声环境》5.2“评价等级划分”和 6.1“评价范围的确定”规定：

> 5.2.1 声环境影响评价工作等级一般分为三级，一级为详细评价，二级为一般性评价，三级为简要评价。
>
> 5.2.2 评价范围内有适用于 GB 3096 规定的 0 类声环境功能区域，以及对噪声有特别限制性要求的保护区等敏感目标，或建设项目建设前后评价范围内敏感目标噪声级增高量达到 5 dB（A）以上［不含 5 dB（A）］，或受影响人口数量显著增多时，按一级评价。
>
> 6.1.3 城市道路、公路、铁路、城市轨道交通地上线路和水运线路等建设项目：a）满足一级评价的要求，一般以道路中心线外两侧 200 m 以内为评价范围。

4．评价运营期噪声影响，需要的主要技术资料有哪些？

《环境影响评价案例分析》考试大纲中“三、环境现状调查与评价（2）制定环境现状调查与监测方案”。

举一反三：

《环境影响评价技术导则　声环境》（HJ 2.4—2009） 8.1.3“预测需要的基础资料”中规定：

> 8.1.3.1 声源资料
>
> 建设项目的声源资料主要包括：声源种类、数量、空间位置、噪声级、频率特性、发声持续时间和对敏感目标的作用时间段等。
>
> 8.1.3.2 影响声波传播的各类参量
>
> 影响声波传播的各类参量应通过资料收集和现场调查取得，各类参量如下：
>
> a）建设项目所处区域的年平均风速和主导风向，年平均气温，年平均相对湿度。
>
> b）声源和预测点间的地形、高差。
>
> c）声源和预测点障碍物（如建筑物、围墙等；若声源位于室内，还包括门、窗等）的位置及长、宽、高等数据。
>
> d）声源和预测点间树林、灌木等的分布情况，地面覆盖情况（如草地、水面、水泥地面、土质地面等）。

5．请阐述6项保护耕地的措施。

《环境影响评价案例分析》考试大纲中“六、环境保护措施分析（2）分析生态影响防护、恢复与补偿措施的技术经济可行性”。

6．桥梁运营期的环境风险防范的具体措施及建议。

《环境影响评价案例分析》考试大纲中“五、环境风险评价（2）提出减缓和消除事故环境影响的措施”。

举一反三：

环境风险评价是当前环境影响评价的重要内容。公路风险考题首次出现是在2006年的公路案例考题中，其涉及了公路经过跨河桥梁时应关注的问题，实际上考的就是运输危险品的车辆经过桥梁段时发生事故的环境风险的问题。而2007年公路案例考题，其中一问要求指出公路运营期的水环境风险。2008年又考了相似的内容，可见对水环境风险的关注。2017年考试更具体化，要求更高更具体，要求给出影响桥梁事故池大小的影响因素。

案例3　新建铁路建设项目

【素材】

某地拟新建总长 142 km 的铁路干线。全程有特大桥 6 座，总长 6 891 m；大中桥 66 座，总长 16 468 m；三线大桥 7 座，总长 2 614 m；涵洞 302 座，总长 8 274 m；隧道 45 座，总长 18 450 m，其中长度大于 1 000 m 的隧道 6 座，长度小于 1 000 m 的隧道 37 座，三线隧道 1 座；近期车站 11 座。

该工程起源于某铁路 M 站，征用土地 890 亩（1 亩＝667 m^2），其中耕地 300 亩、林地 400 亩、荒草地 100 亩，其他 90 亩。铁路经过地区水系发达，曾连续两次穿越某大江。地貌类型为低山丘陵，相对高差为 20～300 m。主要植被类型为森林（包括自然林和人工林）、灌木林、荒草地和农田。降雨丰沛，且多暴雨；植被覆盖率为 5%～25%，水土流失严重，属水土流失重点防治区。项目穿越 1 处国家级自然保护区和 1 处风景名胜区。沿线区域人口密度大，农业生产发达，经过村庄 8 个。初步预测表明，沿线居民住宅噪声声级增加量为 5～10 dB（A）。

【问题】

1．该工程建设的环境可行性应从哪几个方面分析？

2．简述该项目生态环境影响工程分析的重点内容。

3．简述该项目生态现状调查与评价的主要内容，并说明沿线区域环境的主要生态限制因子。

4．简述该工程可采用的水土保持措施。

【参考答案】

1．该工程建设的环境可行性应从哪几个方面分析？

答：（1）法规符合性：符合国家的法律法规，符合总体规划、环境保护规划、功能区划等。

（2）方案比选：选择对生态环境、水环境、水土保持等影响最小的。

（3）工程占地：工程占地的类型、占地数量，最好不占用基本农田。

（4）对沿线的国家级自然保护区、风景名胜区和村庄等环境敏感点的环境影响情况，选择对敏感点影响最小的。

（5）环保措施与达标排放情况：环保措施包括防止重要生境、敏感点破坏的措施，大临工程生态恢复的措施，防止国家级自然保护区、风景名胜区生态系统完整性破坏的措施，生态破坏小、污染物均能达标排放的措施及水保措施。

（6）环境风险：铁路运输危险品对沿线国家级自然保护区、风景名胜区和村庄的大气环境、水环境可能产生的环境风险；选择环境风险小的方案。

（7）公众参与：铁路穿越的8个村庄居民对该项目的支持比例；选择公众支持比例高的。

2．简述该项目生态环境影响工程分析的重点内容。

答：（1）隧道名称、规模、建设点位、施工方式；弃渣场设置点位及其环境类型，占地特点；隧道上方及其周边环境；隧道地质岩性及地下水疏水状态；景观影响。

（2）大桥和特大桥的名称、规模、点位；跨河大桥的施工方式，河流水体功能，可能的影响。

（3）高填方段占地合理性分析，占地类型，占用的基本农田情况。

（4）边坡防护；主要深挖路段，弃渣场设置及其占地类型、数量、环境影响。

（5）主要取土场设置及其恢复设计；采石场及沙石料场情况。

（6）施工便道布置、规模、占地类型，施工规划等。

3．简述该项目生态现状调查与评价的主要内容，并说明沿线区域环境的主要生态限制因子。

答：（1）调查与评价的主要内容：参考答案见“七、交通运输类　案例2　新建高速公路项目”第2题。

（2）限制性因子：水土流失重点防治区、国家级自然保护区、风景名胜区、沿线村庄等。

4．简述该工程可采用的水土保持措施。

答：工程措施：拦渣工程、护坡工程、土地整治工程、路基排水工程、防风固沙工程、防泥石流工程等。

生物措施：绿化、恢复植被等。

【考点分析】

1．该工程建设的环境可行性应从哪几个方面分析？

《环境影响评价案例分析》考试大纲中“七、环境可行性分析（2）论证建设项目环境可行性分析的完整性”。

项目的环境可行性主要从国家相关法律法规、主要生态敏感点、主要环境影响因子、公众支持与否等方面进行分析。

举一反三：

铁路（公路）工程环评应注意的问题：

（1）铁路（公路）工程如遇沙化土地封禁保护区时，须经国务院或其指定部门的批准。

（2）铁路（公路）等交通运输类工程如遇有自然保护区、饮用水源保护区、风景名胜区、地质公园时，路线布设时应采取避绕措施。

（3）铁路（公路）工程经过山区、丘陵区、风沙区时，环评报告中必须要有水土保持方案。

2. 简述该项目生态环境影响工程分析的重点内容。

《环境影响评价案例分析》考试大纲中“二、项目分析（1）分析建设项目施工期和运营期环境影响的因素和途径，识别产污环节、污染因子和污染物特性，核算物耗、水耗、能耗和主要污染物源强；（2）分析计算改扩建工程污染物排放量变化”和“七、环境可行性分析（1）分析不同工程方案（选址、规模、工艺等）环境比选的合理性”。

3. 简述该项目生态现状调查与评价的主要内容，并说明沿线区域环境的主要生态限制因子。

《环境影响评价案例分析》考试大纲中“三、环境现状调查与评价（1）判定评价范围内环境敏感区”。

生态影响评价的主要内容可参考《环境影响评价技术导则　生态影响》，生态影响评价应该包括对区域自然生态完整性的评价以及对敏感生态区域和敏感生态问题的评价两大部分。该案例项目重点应该包括：

铁路建设和运营对沿线的国家级自然保护区、风景名胜区和村庄等环境敏感点的环境影响情况；项目采用的环保措施与达标排放情况：环保措施，包括工程采取的防止水土流失的措施，防止重要生境破坏的措施，大临工程生态恢复的措施，防止敏感点生境破坏的措施，防止国家级自然保护区、风景名胜区生态系统完整性破坏的措施；达标排放情况，包括水污染物达标排放情况、噪声达标排放情况等。同时，还包括铁路危险品运输导致沿线国家级自然保护区、风景名胜区和村庄的大气环境、水环境可能产生的环境风险。

4. 简述该工程可采用的水土保持措施。

《环境影响评价案例分析》考试大纲中“六、环境保护措施分析（2）分析生态影响防护、恢复与补偿措施的技术经济可行性”。

参考《环境影响评价技术导则　生态影响》，略。

案例 4 原油管道项目

【素材】

某原油管道工程设计输送量为 8.0×10^{6} t/a，管径 720 mm，壁厚 12 mm，全线采用三层 PE 防腐和阴极保护措施。经路由优化后，其中一段长 52 km 的管线走向为：西起 A 输油站，向东沿平原区布线，于 20 km 处穿越 B 河，穿越 B 河后设 C 截断阀室，管线再经平原区 8 km、丘陵区 14 km、平原区 10 km 布线后向东到达 D 截断阀室。

A 输油站内有输油泵、管廊、燃油加热炉、1 个 2 000 m^3 的拱顶式泄放罐、紧急切断阀、污油池和生活污水处理设施等。

沿线环境现状：平原区主要为旱地，多种植玉米、小麦和棉花；丘陵山区主要为次生性针阔混交林和灌木林，主要物种为黑松、刺槐、沙兰杨、枸杞、沙棘、荆条等，林下草本植物多为狗尾草、狗牙根和蒲公英等；穿越的 B 河为Ⅲ类水体，河槽宽 100 m，两堤间宽 200 m，自北向南流向，丰水期平均流速为 0.5 m/s，枯水期平均流速为 0.2 m/s，管道穿越河流处下游 15 km 为一县级饮用水水源保护区上边界。

陆地管道段施工采用大开挖方式，管沟深度为 2～3 m，回填土距管顶约为 1.2 m，施工带宽度均按 18 m 控制，占地为临时占地。管道施工过程包括清理施工带地表、开挖管沟、组焊、下管、清管试压和管沟回填等。

B 河穿越段施工采用定向钻穿越方式，深度为 3～15 m，在河床底部最深处可达 15 m，穿越长度为 480 m，在西河堤的西侧和东河堤的东侧分别设入、出土点施工场地，临时占地约 0.8 hm^2 耕地，场地内布置钻机、泥浆池和泥浆收集池、料场等。泥浆池规格为 20 m×20 m×1.5 m，泥浆主要成分为膨润土，添加少量纯碱和羟甲纤维素钠。定向钻施工过程产生钻屑、泥浆循环利用。施工结束后，泥浆池中的废弃泥浆含水率为 90%。废弃泥浆及钻屑均属于一般工业固体废物。

为保证 B 河穿越段管道的安全，增加了穿越段管道的壁厚，同时配备了数量充足的布栏艇、围油栏及收油机等应急设施。

工程采取的生态保护措施为：挖出土分层堆放、回填时反序分层回填，回填后采用当地植物恢复植被。

【问题】

1．识别 A 输油站运营期废气源及其污染因子。

2．给出大开挖段施工带植被恢复的基本要求。

3．分别给出废弃泥浆和钻屑处理处置的建议。

4．为减轻管道泄漏对 B 河的影响，提出需考虑的风险防范措施和应急措施。

【参考答案】

1．识别 A 输油站运营期废气源及其污染因子。

答：（1）输油泵、管廊、拱顶式泄放罐、紧急切断阀：非甲烷总烃；

（2）燃油加热炉：SO_2、NO_2、PM_{10}、$PM_{2.5}$；

（3）污油池：非甲烷总烃；

（4）生活污水处理设施：硫化氢、氨气、臭气浓度。

2．给出大开挖段施工带植被恢复的基本要求。

答：（1）保存施工表土，并在将来用于植被恢复；

（2）选用当地植物物种；

（3）选用浅根系植物种；

（4）占补平衡。

3．分别给出废弃泥浆和钻屑处理处置的建议。

答：根据题干信息，废弃泥浆和钻屑均属于一般工业固体废物，处理处置时建议：

（1）废弃泥浆澄清，上清液回用，底部泥浆自然蒸发干化后可就地覆土填埋、绿化。

（2）钻屑可用于现场充填，也可以并入废弃泥浆池一起干化、覆土填埋、绿化。

4．为减轻管道泄漏对 B 河的影响，提出需考虑的风险防范措施和应急措施。

答：（1）增大穿越段管道的壁厚；

（2）可在 B 河两侧适当位置分别设紧急切断阀；

（3）加强日常巡查，对输油管线进行定期维护维修；

（4）同时配备数量充足的布栏艇、围油栏及收油机等应急设施；

（5）设置应急预案并加强事故应急演练。

【考点分析】

1．识别 A 输油站运营期废气源及其污染因子。

《环境影响评价案例分析》考试大纲中“二、项目分析（1）分析建设项目施工期和运营期环境影响的因素和途径，识别产污环节、污染因子和污染物特性，核算物耗、水耗、能耗和主要污染物源强”。

本题考点：

（1）输油设施废气污染物：非甲烷总烃；

（2）燃油加热炉废气污染物：SO_2、NO_2（或 NO_x）、PM_{10}、$PM_{2.5}$ 等；

（3）生活污水处理设施废气污染因子主要为恶臭污染物：硫化物、氨气、臭气浓度。

2．给出大开挖段施工带植被恢复的基本要求。

《环境影响评价案例分析》考试大纲中“六、环境保护措施分析（2）分析生态影响防护、恢复与补偿措施的技术经济可行性”。

本题涉及的考点：植被恢复的基本要求，同样适用于水利水电工程、交通运输工程，主要包括：

（1）保存施工表土，并在将来用于植被恢复；

（2）选用当地植物物种；

（2）占补平衡；

（4）选用浅根系植物种（适用于埋藏管道上层植被的恢复）。

3．分别给出废弃泥浆和钻屑处理处置建议。

《环境影响评价案例分析》考试大纲中“六、环境保护措施分析（1）分析污染控制措施的技术经济可行性”。

涉及考点：一般固体废物处置要求。石油采掘产生的废弃泥浆和钻屑有可能会是危险废物，一般需要先进行废物性质鉴定。但本案例已明确产生的废弃泥浆和钻屑属于一般工业固体废物，因此问题相对简单一些。不过仍需注意：一般工业固体废物贮存、处置场所禁止选在江河、湖泊、水库最高水位线以下的滩地和洪泛区。

该项目泥浆池位于B河两侧河堤外侧，基本可判断位于最高水位线以上。因此，可就地填埋、绿化处理。

4．为减轻管道泄漏对 B 河的影响，提出需考虑的风险防范措施和应急措施。

《环境影响评价案例分析》考试大纲中“五、环境风险评价（2）提出减缓和消除事故环境影响的措施”。

举一反三：

环境影响评价中，一般有管线的地方都存在泄漏风险问题，如石油天然气管道泄漏问题、采掘行业矿浆管线泄漏问题、污水处理站污水管线泄漏问题、化工厂有害气体泄漏问题等，而且管线类风险防范措施都具有一定的相似性，所以考生把握好这一点，答题就不容易漏项，遇到相同的题目就可以举一反三。

案例 5 新建成品油管道工程

【素材】

某公司拟投资 14 亿元，计划花 2 年时间铺设从河南省到湖南省的成品油管道工程，可研设计管道干线长 800 km，设计压力 8 MPa，管径采用Φ 508 mm。设计最大输量为 700 万 t/a。项目共有支线 6 条，总长 35 km。沿线设分输站、泵站共 8 座（包括 1 座分输阀室）。项目主要工程量见表 1。

表 1 成品油管道主要工程量

序号	工程项目	单位	数量	备注
一	线路总长	km	800	
二	管道组焊	km	800	
三	管道防腐	km	800	三层 PE 防腐
四	穿越工程			
1	顶管穿越公路	m/次	6 220/147	混凝土套管
2	穿越铁路	m/次	1 000/20	顶管
3	某大江穿越	m/次	2 100/1	盾构隧道
4	其他大中型河流穿越	m/次	12 900/26	隧道、定向钻或大开挖
5	湖泊 B 穿越	m/次	900/1	定向钻
五	线路附属工程			
1	线路截断阀室	座	28	
2	标志桩	个	4 500	
六	道路工程			
1	修施工便道	km	120	
2	改扩建道路	km	50	
七	站场	座	8	
八	土石方			
1	挖土方	10^4 m^3	318.67	
2	挖石方	10^4 m^3	155.33	
3	回填细土	10^4 m^3	44.85	
九	支线工程	km/条	35/6	
十	占地			

序号	工程项目	单位	数量	备注
1	永久占地（站场）	hm^2	40	
2	临时占地（施工便道等）	hm^2	1 800	其中基本农田 30 hm^2，林地 500 hm^2

初步现场踏勘表明，本工程沿线地形地貌复杂多样，大的地形地貌单元主要有豫西黄土丘陵、黄淮平原、桐柏山—大别山山地、江汉平原。本工程沿线经过湿地自然保护区 A（部分穿越）、饮用水源二级保护区湖泊 B、国家级自然保护区 C（附近经过）和地下水饮用水源准保护区 D。距站场距离 100～300 m 附近有村庄 8 个。

【问题】

1. 简述该项目环境影响评价的重点。
2. 列出该项目的环境保护目标。
3. 管道施工期的生态环境影响有哪些？
4. 如何采取措施减缓工程临时占用基本农田造成的不利影响？
5. 给出该项目地下水环境影响评价的调查评价范围确定方法。

【参考答案】

1. 简述该项目环境影响评价的重点。

答：针对本工程特点和所经过地区的环境特征及沿线的敏感保护目标，确定本项工程的环评重点为：

（1）施工期的生态环境影响评价。重点为本项工程对植被、动植物资源、土壤侵蚀、土壤环境、土地利用的影响以及保护对策与措施。

（2）沿线河流湖泊等敏感目标的影响分析。对于管道沿线涉及的敏感区域——湿地自然保护区和国家级自然保护区等，在做好该生态敏感区域的现状调查工作的同时，重点评价管道穿越该区域的影响程度，在可接受的范围内，提出减缓和预防措施，使其影响为最小。

（3）运行期的环境风险评价。对拟采用的环保措施进行论证，提出改进措施及制订环境管理计划。环境风险评价重点为管道破裂、油品泄漏对周围环境（土壤、植被、水体等）的影响、事故预防措施及事故应急预案。评价重点区段为管线穿越的饮用水源。

2. 列出该项目的环境保护目标。

答：（1）工程正常施工和运营环境下环境保护目标为工程沿线区域地表水环境质量、空气环境质量、地下水环境质量、声环境质量、生态系统结构和功能不因该项目而恶化，均满足相应的环境功能区划要求。

（2）环境敏感保护目标包括：穿越的大江、大中型河流、湿地自然保护区 A、饮用水源二级保护区湖泊B、国家级自然保护区C、基本农田、林地和8个村庄。

3．管道施工期的生态环境影响有哪些？

答：（1）清理施工带、开挖管沟、建设临时施工便道。

① 临时占地改变土地使用功能。

② 扰动土壤将使土壤的结构、组成及理化特性等发生变化。

③ 植被遭到破坏，农业遭受损失、林木被砍伐等。

④ 弃土处置不当会产生水土流失。

（2）河流穿越。

① 采取大开挖方式穿越中型河流时，可能会污染水体或因弃土不当而堵塞河道。

② 采取定向钻方式穿越大型河流时，将临时占用土地，并将产生弃土和废弃泥浆。

③ 盾构形式穿越大江时将产生弃土和碎石。

（3）站场建设等永久占地改变土地使用功能，使耕地面积减少或影响其他功能。

（4）管道试压、施工机械冲洗产生的废水可能污染地表水体。

（5）施工机械、车辆使用将产生噪声、扬尘、汽车尾气、施工机械废气。

（6）施工人员产生生活污水、生活垃圾，污染环境。

4．如何采取措施减缓工程临时占用基本农田造成的不利影响？

答：（1）划定施工范围，尽可能缩小施工作业带宽度，尽可能少地占用耕地。

（2）管沟开挖采取分层开挖、分层堆放、分层回填的作业方式。即挖掘管沟时，应执行分层开挖的操作制度，即表层耕作土与底层耕作土分开堆放；管沟填埋时，也应分层回填，即底土回填在下，表土回填在上。

（3）清理施工作业区域内产生的废弃物。

（4）施工应尽量避开作物生长季节，减少农业生产的损失。要保护农田林网，使农田生态系统的功能相对稳定。

（5）施工结束后做好农田的恢复工作，应按国务院的《土地复垦规定》复垦。凡受到施工车辆、机械破坏的地方，都要及时修整，恢复原貌，植被（自然的、人工的）破坏应在施工结束后的当年或来年予以恢复。

5．给出该项目地下水环境影响评价的调查评价范围确定方法。

答：（1）输油管线：工程边界两侧分别向外延伸200 m。

（2）A输油站：公式计算法、查表法、自定义法。

（3）调查评价范围还应包括地下水饮用水源保护区D。

【考点分析】

1. 简述该项目环境影响评价的重点。

《环境影响评价案例分析》考试大纲中“四、环境影响识别、预测与评价（1）识别环境影响因素与筛选评价因子；（4）确定环境要素评价专题的主要内容”。

环境影响评价重点的选取，应根据项目的排污情况、对生态的影响大小、对环境的影响程度和环境敏感程度来选定。一般情况下，管道输送项目的评价重点包括施工期的生态环境影响评价和运营期的风险评价。

2. 列出该项目的环境保护目标。

《环境影响评价案例分析》考试大纲中“三、环境现状调查与评价（1）判定评价范围内环境敏感区”。

要注意的是环境保护目标一般包括“环境敏感目标和环境要素不因为项目的建设和运营而恶化”的环境功能区划保护要求。

3. 应从哪几个方面分析管道施工引起的生态环境问题？

《环境影响评价案例分析》考试大纲中“四、环境影响识别、预测与评价（1）识别环境影响因素与筛选评价因子；（4）确定环境要素评价专题的主要内容”。

举一反三：

一般情况下，管道施工（输油管线与输气管线类似）一般可分为线路施工和站场施工，整个施工由具有相应施工机械设备的专业化队伍完成。其过程概述如下：

（1）在线路施工时，首先要清理施工现场，并修建必要的施工道路（以便施工人员、施工车辆、管材等进入施工场地）。在完成管沟开挖、铁路、公路穿越、河流穿越等基础工作以后，按照施工规范，将运到现场的管道进行焊接、补口、补伤、防腐，然后下到管沟内。

（2）建设工艺站场时，首先要清理场地，然后安装工艺装置，并建设相应的辅助设施。

（3）以上建设完成以后，对管道进行试压，然后覆土回填，清理作业现场，恢复地貌、恢复地表植被；对站场进行绿化。

4. 如何采取措施减缓工程临时占用基本农田造成的不利影响？

《环境影响评价案例分析》考试大纲中“六、环境保护措施分析（1）分析污染控制措施的技术经济可行性”。

生态类项目在施工过程中经常涉及临时占用和永久占用大量土地。对此应该区别对待，如果永久占用基本农田，必须遵守“占一补一”“总量平衡”的原则。如果临时占用基本农田，则需要遵守国务院的《土地复垦规定》。而对于表层土的处理必须采取分层开挖、分层堆放、分层回填的作业方式。

举一反三：

临时占用耕地要求对表层土先行保存，很多时候都要求等恢复时再利用，比如高速公路建设方面可以出如下一个问题：

取、弃土场一般应如何恢复？

答：取土场：首先在取土时应该分层进行，开挖前先将表土剥离，集中堆放，并保存好（遮挡，草帘、聚乙烯布覆盖），用于覆土复耕或植被恢复。在取土完成后，进行边坡整修（一般应修成缓坡，以利于雨水汇入），最后将原来的表土填回摊平，这样取土坑内就有了土壤层，加上从边坡汇来的雨水，就产生了一种洼地效应。当然取土场也可恢复为农田、鱼塘或者植树种草，但应结合当地的自然环境条件，特别是降水等气象情况考虑。干旱区与湿润区就有所不同。

弃土场：弃土场一般选择在地势较低处，在弃土前也应挖出表层土壤层，并保存好；“先挡后弃”（对弃土堆容易发生坍塌的一侧设置拦挡设施）。在弃土作业结束后，将原表层土覆盖在弃土堆上，进行人工绿化（植树、种草）；在弃土堆外围设置排水沟，以防洪水冲蚀。

5．给出该项目地下水环境影响评价的调查评价范围确定方法。

《环境影响评价案例分析》考试大纲中“四、环境影响识别、预测与评价（3）确定评价工作等级和评价范围”。

地下水环境影响评价调查及评价范围应重点包括与建设项目相关的地下水环境保护目标，以能说明地下水环境的现状，反映调查评价区地下水基本流场特征，满足地下水环境影响预测和评价为基础。对于建设项目（除线性工程外）一般有三种确定方法，即为公式计算法、查表法和自定义法。对于线性工程由于其特殊性，线性工程由于其特殊性，地下水调查评价范围比较难以确定，如果调查评价范围过大，会大大增加评价工作负担和造成资源浪费，还可能引起评价重点不明确。《环境影响评价技术导则　地下水环境》（HJ 610—2016）单独给出了确定方法，即“8.2.2.2　线性工程应以工程边界两侧分别向外延伸 200 m 作为调查评价范围；穿越饮用水源准保护区时，调查评价范围应至少包含水源保护区；线性工程站场的调查评价范围确定参照 8.2.2.1。”

交通运输类案例小结

交通运输类案例是历年环评案例分析的常考类型，现结合历年案例分析考试出题形式及考查知识点，对该类型项目环评的重要知识点总结如下：

一、工程分析

（1）与相关规划的协调性分析：公路网规划及规划环评调查，公路项目与公路网规划、沿线城镇规划的协调性。

(2) 工程基本情况：地理位置、性质、线路走向及主要控制点、建设规模、项目组成及重点工程（2表1图：工程特性表、项目组成表、施工布置图）。

(3) 施工方式及施工时序。

(4) 生态影响分析。

① 占地。主要体现在占用土地类型、面积，特别是占用环境敏感区的面积。关注取弃土场、施工场地、施工便道、物料场、拌合场等临时占地。

② 项目施工方式及运营方案：明确生态影响的类型、方式、性质及程度。

③ 影响时期：主要为施工阶段

(5) 污染源强分析。

① 时段：重点考查施工期、运营期对环境因素影响的性质、方式和程度。

② 影响因素：施工废水、生活污水、废气、噪声、固体废物、环境风险等。

③ 环境因素：水、气、声、生态、景观等，特别是环境敏感目标。

(6) 改扩建项目。

需阐明原有工程的环境影响、存在问题，明确“以新带老”措施。

(7) 重点工程。

① 隧道；② 大桥、特大桥；③ 高填方路段；④ 深挖方路段；⑤ 互通式立交；⑥ 服务区；⑦ 取土场；⑧ 弃渣场；⑨ 施工作业场（施工营地、物料场、拌合场、施工便道等）。

(8) 公路红线：公路用地范围，即路堤两侧排水沟外边缘以外小于1 m的范围。高速路、一级路不小于3 m，二级路不小于2 m。

二、现状调查与评价

(1) 主要内容。

① 自然条件：地理、地质、水文、气象、生物等；

② 土壤、水土流失与水土保持；

③ 生态：植被区系、类型、分布；动物区系、分布、生境；生物量、生物多样性；保护野生动植物；生态系统、景观；

④ 敏感区（基本情况及与线位关系）、饮用水源（保护级别、范围、取水口位置、工程与水源保护区的关系）；

⑤ 噪声敏感点：距离、高差、影响户数、建筑高度、房屋结构、人口等。

三、生态环境影响及保护措施

(一) 生态影响因素与途径

1. 勘察设计期

重点是选址选线和移民安置。应详细说明工程与各类保护区和区域的相关规划、各类建设规划和环境敏感区的相对位置关系及可能存在的影响。

2．施工期

(1) 占地（永久占地与临时占地：施工营地、取弃土场、物料场、拌合场、施工便道），施工作业方式及场地平整与清理；

(2) 路基施工；

(3) 桥涵施工（桥基作业、围堰施工、桥墩浇注、桥面铺设）；

(4) 隧道施工；

(5) 物料运输；

(6) 路面铺设（混凝土、沥青路面，铁路）。

3．运营期

车辆运输，特别是危险品运输。

（二）评价重点

(1) 要素分类：生态影响，噪声影响；

(2) 工程阶段：施工期（生态、水、气、声），运营期（交通噪声、危险品运输、桥面径流、阻隔与社会影响）。

（三）生态环境影响评价及保护措施

1．生态影响

生态影响评价应明确敏感目标类型、功能和保护要求，影响程度和保护措施。兼顾陆生生态和水生生态影响。

(1) 评价范围：线性工程生态影响评价范围一般为中心线两侧300～500 m。

(2) 施工期影响：主体工程、临时工程占地破坏植被；施工噪声、废水、废渣影响；水土流失。

(3) 线性工程的阻隔、分割影响：对生态形态完整性的分割，对农田、灌区、水系、植被的分割，对动物迁徙的阻隔影响。

(4) 对土地利用格局的影响。

(5) 占地造成的植被破坏、生态损失。

2．保护措施

(1) 按照工程不同阶段（设计期、施工期、运营期）提出相应的措施。

(2) 若项目位于“三区（山区、丘陵区、风沙区）”，还需提出水土流失减缓措施。

① 工程措施：拦挡措施（拦土坝、拦渣坝）、截排措施（截水沟、排水渠）、防护措施（边坡防护、浆砌）；

② 生物措施：保护植被、边坡绿化；

③ 管理措施：水保措施的维护。

(3) 优化临时占地，尽可能选择在无植被或植被稀少的地区，远离敏感生态保护目标。

(4) 施工期环保措施：严格控制车辆、施工活动范围，尽可能缩小施工作业带宽度，尽量少占用耕地。料场、拌和场等尽量设在征地范围内，并在居民下风向200 m以外。施工营地租用民房或设在征地范围内。

(5) 农田土壤利用与保护。

(6) 基本农田补偿方案。

(7) 生态敏感目标严格有效保护。

(8) 设置生物通道保护珍稀野生动物。

1) 生物通道设置的一般要求。

① 充分利用公路的桥梁、涵洞;

② 远离人为活动频繁区（3～5 km）;

③ 充分利用地势、地貌等因素，保持通道周边的自然性;

④ 考虑不同种类动物的适应能力与可塑性，尽可能设置在饮水、采食的路径上;

⑤ 选择植区良好、动物出现机率高的区域;

⑥ 高度及宽带合理，满足大型动物通过。

2) 动物通道的形式：涵洞、桥梁下方通道、隧道上方通道、路基平交缓坡道、复合通道。

四、水环境影响及保护措施

关注施工期和运营期废水对敏感水体的影响。

(1) 明确跨越水体主要功能（工业、农业用水），是否为饮用水；注意针对饮用水水源地现状调查内容（功能区划，取水口位置，一、二级保护区边界，周边环境，供水区域，人口，水质情况）；环境风险影响及保护措施。

(2) 施工废水及施工营地生活污水。

节水、减排或全部利用不外排，生活污水设置临时性污水处理设施。

(3) 桥梁施工对水体的影响：钻渣。

措施：枯水期施工，围堰施工，钻渣、泥屑运出河区存放，污水处理达标后外排。

(4) 桥面径流和沿线交通工程设施污水。

地埋式处理达标后排放，避免直接排入河流。

五、噪声影响、保护措施及相关政策

(1) 施工期。

给出昼间和夜间噪声影响的范围和人数。

措施：合理安排施工机械操作时间，文明施工，与当地政府、居民沟通。

(2) 运营期。

分别给出运营初期、中期、远期昼夜超标的敏感点数及超标倍数。

措施：从声源和传播途径上考虑降低噪声。优先考虑在工程技术上降低噪声源（线位调整），其次设置声屏障措施。具体可以是采用低噪声路面，设置声屏障、隔声窗、隔声林带，搬迁，交通管制。

(3) 地面交通噪声污染防治技术政策(环发[2010]7 号)要求。

交通噪声污染防治的 5 个方面包括：① 综合规划布局；② 噪声源控制；③ 传播途径噪声消减；④ 敏感建筑物噪声防护；⑤ 交通管制。

在主动控制噪声方面，主要从噪声源控制、传播途径噪声消减两方面考虑，包括：①线路避让；②间隔必要的距离；③设置声屏障；④采用高架桥、高路堤、低路堑等道路形式，采用能降低噪声污染的桥涵构造和形式，采取低噪声路面技术；⑤绿化。

六、公路环境风险及措施

风险：运输危险化学品车辆出现交通事故，危险品流入敏感水体造成污染事故。

措施：必须采取有效的预防和应急措施（防撞护栏、桥面径流导排收集系统、事故池、应急预案）。

八、水利水电类

案例 1 新建防洪、供水水库项目

【素材】

拟在桂江流域上游一级支流桂溪江建设桂溪口水库。工程任务为防洪、供水。水库坝址以上集雨面积 300 km^2。水库校核洪水位 180.2 m，总库容 3.6×10^8 m^3，正常蓄水位 170.0 m，正常蓄水位相应库容 2.9×10^8 m^3。主要建筑包括挡水建筑物（最大坝高 130 m）、泄水建筑物、取水建筑物、导流建筑等，拟建水库为水温分层型水库，配套建设分层取水装置。

拟选的 3 个砂砾场分布在坝址下游河漫滩，2 个石料场分布在坝址上游，其中 1#石料场距大坝 1.5 km，石料开采高程控制在 170.0 m；2#石料场距大坝 5 km，石料开采高程控制在 150.0 m。

流域多年平均气温 18.5℃，年平均最高气温 23.0℃，年平均最低气温 14.0℃，多年平均降水量 1 855 mm。

流域内植被覆盖良好，山林茂盛，多松、栎和竹；上游河谷山高谷深，河道蜿蜒，河岸陡峭，河漫滩及阶地不发育；中下游河谷地势稍缓，河道曲折；两岸有零星地和滩地，河床大部分为砂砾覆盖。河流中分布有多种鱼类。

项目可研报告中给出了坝址及下游河道典型断面流量水位关系曲线，建库前后典型断面典型年、月、日径流量和水位过程线，建库前后枯水年年径流量和最枯月流量。

拟建坝址处多年平均径流量为 11.2 m^3/s，工程拟按坝址多年平均径流量的 10%泄放河道最小生态基流。坝址下游河道生态需水分析结果见表 1。

表 1 桂溪口水库下游河道生态需水量 单位：m^3/s

月份	1	2	3	4	5	6	7	8	9	10	11	12
良好状态生态流量	3.0	3.0	3.5	5.5	5.5	6.5	5.5	5.5	5.5	3.5	3.0	3.0
一般状态生态流量	1.2	1.2	2.5	3.8	3.8	3.8	3.8	3.8	3.8	2.5	1.2	1.2

水库蓄水后河流沿岸有 2 个自然村落被淹没。库区无文物古迹和具开采价值的

矿产。库区下游 8 km 处河道现有 1 座鱼类增殖放流站。

经分析，4～10 月，上层取水的低温水影响范围为 2～10 km，底层取水的低温水影响范围达 20 km。

【问题】

1．指出该案例中可以表明坝址下游水文情势变化特征的信息。

2．指出该项目可能影响下游鱼类生境的主要因素，并说明理由。

3．简要说明砂砾场、石料场生态环境影响评价应关注的重点。

4．指出该项目陆地生态调查应包括的主要内容。

【参考答案】

1．指出该案例中可以表明坝址下游水文情势变化特征的信息。

答：（1）水温变化：拟建水库为水温分层型水库，配套建设分层取水装置；4～10 月，上层取水的低温水影响范围为 2～10 km，低层取水的低温水影响范围达 20 km。

（2）水位、水量变化：项目可研报告中给出了坝址及下游河道典型断面流量水位关系曲线，建库前后典型断面典型年、月、日径流量和水位过程线，建库前后枯水年年径流量和最枯月流量。

2．指出该项目可能影响下游鱼类生境的主要因素，并说明理由。

答：（1）大坝阻隔。河流中有多种鱼类，大坝将隔断上、下游鱼类的营养繁殖交流。（2）低温水影响。拟建水库为水温分层型水库，低温水排放将影响下游鱼类生境。（3）水质含沙量变化。下游河漫滩有 3 个砂砾场，带来水质污染、水土流失等将影响鱼类生境。

3．简要说明砂砾场、石料场生态环境影响评价应关注的重点。

答：（1）石料场、砂砾场占地范围内植被的破坏；

（2）砂砾场位于坝址下游河漫滩，应考虑水土流失、废水排放对下游河道水生生态、鱼类的影响和景观影响。

（3）石料场位于坝址上游，由于 2 个石料场最低开采高程（150 m，170 m）均位于水库校核洪水位以下，石料开采可能会影响到水库水质，进而影响水库水生生态环境并造成景观影响。

4．指出该项目陆地生态调查应包括的主要内容。

答：（1）生态系统类型、结构、功能和过程；

（2）气候、土壤、地形地貌、水文及水文地质等非生物因子特征。

（3）重点调查影响范围内是否有受保护的珍稀濒危物种、关键种、土著种、特有种和重要的经济物种；涉及国家和省保护物种、珍稀动植物、特有种的，调查其种类、生态习性、种群结构、种群规模、生境及分布、保护级别与保护状况；如涉及特殊生态敏感区和重要生态敏感区的，说明其类型、等级、分布、功能区划、保护对象和保护要求。

（4）生态问题调查：水土流失、生物入侵等。

【考点分析】

本题为2015年案例考试真题。

1．指出该案例中可以表明坝址下游水文情势变化特征的信息。

《环境影响评价案例分析》考试大纲中“二、项目分析（1）分析建设项目施工期和运营期环境影响的因素和途径，识别产污环节、污染因子和污染物特性，核算物耗、水耗、能耗和主要污染物源强”。

本题考查的是水库建设对下游河流水文情势的影响，为水利水电类案例考查的一项基本内容，只是需结合题干信息作答。

涉及考点：水库建设对下游河流水文情势的影响。主要包括：

（1）下游河流水量、水位的变化；

（2）涉及低温水排放的，下游河流存在水温变化；

（3）水流流速变化。

2．指出该项目可能影响下游鱼类生境的主要因素，并说明理由。

《环境影响评价案例分析》考试大纲中“二、项目分析（1）分析建设项目施工期和运营期环境影响的因素和途径，识别产污环节、污染因子和污染物特性，核算物耗、水耗、能耗和主要污染物源强”。

影响下游鱼类生境的因素，即“哪些工程或者行为会对鱼类产生影响”，2008年案例分析考试第5题和2009年第3题均考过水利水电项目对鱼类的影响，但是大家要注意提问的侧重点略有不同。

举一反三：

（1）水库运营期间对鱼类的影响：

①大坝阻隔：阻隔鱼类洄游通道，阻碍上下游鱼类种质交流；

②鱼类区系组成变化：库区水深、流速等水文情势的变化会造成原有水生生境的改变甚至消失，致使鱼类区系组成发生变化，特别是珍稀保护、特有物种的消失；

③对鱼类产卵场、索饵场、越冬场（三场）的破坏：坝上、下游河段若有鱼的“三场”，由于水文情势的变化，会受到一定的破坏；

④下泄低温水对下游鱼类的不利影响；

⑤下泄气体过饱和水对鱼类的影响，特别是对幼鱼造成的严重影响。

（2）大坝建设对下游区域的影响

①减水带来下游河道的生态影响；

②对工、农业取水的影响；

③对农业灌溉的影响；

④对下游连接湿地的影响；

⑤对洄游鱼类的影响；

⑥清水下泄对下游河岸的冲蚀影响。

3．简要说明砂砾场、石料场生态环境影响评价应关注的重点。

《环境影响评价案例分析》考试大纲中“四、环境影响识别、预测与评价（4）确定环境要素评价专题的主要内容”。

本题为生态环境影响分析题，生态影响主要包括：占地造成的生物量损失、对动植物的影响、景观影响、水土流失等。本题需结合案例素材突出关注的重点。

4．指出该项目陆地生态调查应包括的主要内容。

《环境影响评价案例分析》考试大纲中“三、环境现状调查与评价（2）制定环境现状调查与监测方案”。

生态影响型项目陆地生态调查的主要内容包括：

（1）生态系统类型、结构、功能和过程。

（2）气候、土壤、地形地貌、水文及水文地质等非生物因子特征。

（3）重点调查影响范围内是否有受保护的珍稀濒危物种、关键种、土著种、特有种和重要的经济物种；涉及国家省保护物种、珍稀动植物、特有种的，调查其种类、生态习性、种群结构、种群规模、生境及分布、保护级别与保护状况；如涉及特殊生态敏感区和重要生态敏感区的，说明其类型、等级、分布、功能区划、保护对象和保护要求。

（4）生态问题调查：水土流失、生物入侵等。

案例2 新建水利枢纽工程

【素材】

拟在永乐河新建永乐水利枢纽，其主要功能为防洪、灌溉兼顾发电，并向邻近清源河流域的清源水库调水。主要建筑物由挡水坝、溢流坝及发电厂房等组成，最大坝高97 m。永乐水利枢纽向清源水库输水水量为3×10^8 m^3/a，输水线路包括60 km隧洞和70 km渠道。

永乐河流域上游为山区，中下游为丘陵平原。拟建坝址位于永乐河中游、永乐市上游35 km处，坝址多年平均径流量1.58×10^9 m^3。永乐水库为稳定分层型水库，具有年调节性能，其调度原则为：在优先保障永乐水利枢纽库区及坝下用水的前提下，根据水库来水情况向清源水库调水，其中汛期满足防洪要求，枯水期库区或坝下不能保障用水需求时停止调水。

永乐水利枢纽坝址以下河段用水主要有城市取水和现有灌区取水，坝下22～30 km河段为永乐市饮用水水源保护区。

永乐水利枢纽回水区有2条较大支流汇入，坝址下有3条较大支流汇入。永乐河在坝址下280 km处汇入永安河。

经调查，永乐河现有鱼类87种，其中地方特有鱼类2种，无国家保护鱼类和洄游性鱼类，支流鱼类种类少于干流。永乐水利枢纽库区有2处较大的鱼类产卵场，坝下游有3处鱼类产卵场。

永乐河中上游水质总体良好，永乐市饮用水水源保护区水质达标，永乐河市区段枯水期水质超标。

【问题】

1．指出永乐水利枢纽运行期地表水环境影响评价范围。

2．指出永乐水利枢纽运行对永乐河水环境的主要影响。

3．指出永乐水利枢纽运行对永乐河水生生态的主要不利影响，并提出相应的对策措施。

4．说明确定永乐水利枢纽生态流量应考虑的主要因素。

【参考答案】

1．指出永乐水利枢纽运行期地表水环境影响评价范围。

答：（1）永乐河库区及上游回水段。

（2）2 条较大支流的回水段。

（3）引起水文情势变化的区域。

（4）清源水库。

（5）坝下减水段。

2．指出永乐水利枢纽运行对永乐河水环境的主要影响。

答：水文情势变化，水体自净能力降低，下游出现减水段。

3．指出永乐水利枢纽运行对永乐河水生生态的主要不利影响，并提出相应的对策措施。

答：（1）对库区 2 处较大鱼类产卵场的影响；措施：在鱼类产卵期降低库区水位运行。

（2）坝下减水对坝下 3 处鱼类产卵场的影响；措施：保障下泄流量。

（3）对 2 种地方特有鱼类的影响；措施：对特有鱼类进行增殖放流。

（4）下泄低温水影响；措施：采取分层取水。

4．说明确定永乐水利枢纽生态流量应考虑的主要因素。

答：（1）灌区取水的水量要求。

（2）维持河道水质的最小稀释净化水量。

（3）河道外生态需水量。

【考点分析】

水利水电类型考题几乎每年都会考，该案例是根据 2014 年案例分析考试试题改编而成，该类型项目的工程分析、环境影响及可能的出题方式，均可通过总结掌握。

1．指出永乐水利枢纽运行期地表水环境影响评价范围。

《环境影响评价案例分析》考试大纲中“四、环境影响识别、预测与评价（3）确定评价工作等级和评价范围”。

水利项目地表水评价范围：库区及坝上游回水段、坝下减水河段、调水区、输水线路。2011 年、2012 年考过类似问题。

2．指出永乐水利枢纽运行对永乐河水环境的主要影响。

《环境影响评价案例分析》考试大纲中“四、环境影响识别、预测与评价（1）识别环境影响因素与筛选评价因子；（4）确定环境要素评价专题的主要内容”。

此考题与“八、水利水电类 案例 4 新建水库工程”第 2 题，“八、水利水电类 案例 5 跨流域调水工程”第 3 题的考点基本一致。

注意本题问的是对“水环境”的影响，有水文情势变化、水体自净能力下降导致水质变差、下游出现减水河段。

若答了对鱼类及其产卵场的影响，本题不得分。

3．指出永乐水利枢纽运行对永乐河水生生态的主要不利影响，并提出相应的对策措施。

《环境影响评价案例分析》考试大纲中“四、环境影响识别、预测与评价（4）确定环境要素评价专题的主要内容”和“六、环境保护措施分析（2）分析生态影响防护、恢复与补偿措施的技术经济可行性”。

首先确定对水生生态的不利影响：大坝阻隔了鱼类洄游和种群交流；上游回水、下游减水破坏了鱼类的产卵场；下泄低温水的影响。

针对不同的不利影响，采取相应的措施。

4．说明确定永乐水利枢纽生态流量应考虑的主要因素。

《环境影响评价案例分析》考试大纲中“四、环境影响识别、预测与评价（1）识别环境影响因素与筛选评价因子；（4）确定环境要素评价专题的主要内容”。

本题与“八、水利水电类 案例 3 新建堤坝式水电工程”第 3 题，“八、水利水电类 案例 4 新建水库工程”第 3 题，“八、水利水电类 案例 6 坝后式水利枢纽工程”第 1 题性质类似，均为水坝下游需水量的分析问题。

举一反三：

根据《水电水利建设项目水环境与水生生态保护技术政策研讨会会议纪要》，河道生态用水需要考虑的因素有：

（1）工农业生产及生活需水量；

（2）维持水生生态系统稳定所需水量；

（3）维持河道水质的最小稀释净化水量；

（4）维持河口泥沙冲淤平衡和防止咸潮上溯所需水量；

（5）水面蒸散量；

（6）维持地下水位动态平衡所需要的补给水量；

（7）航运、景观和水上娱乐的环境需水量；

（8）河道外生态需水量，包括河岸植被需水量、相连湿地的补给水量等。

案例3 新建堤坝式水电工程

【素材】

某拟建水电站是 A 江水电规划梯级开发方案中的第三级电站（堤坝式），以发电为主，兼顾城市供水和防洪，总装机容量 3 000 MW。堤坝多年平均流量 1 850 m^3/s，水库设计坝高 159 m，设计正常蓄水位 1 134 m，调节库容 5.55×10^8 m^3，具有周调节能力，在电力系统需要时可承担日调峰任务，泄洪水消能方式为挑流消能。

项目施工区设有砂石加工系统、混凝土拌和及制冷系统、机械修配、汽车修理及保养厂，以及业主营地和承包商营地。施工高峰期人数 9 000 人，施工总工期 92 个月，项目建设征地总面积 59 km^2，搬迁安置人口 3 000 人，设 3 个移民集中安置点。

大坝上游属高中山峡谷地貌，库区河段水环境功能为Ⅲ类，现状水质达标。水库在正常蓄水位时，回水长度 9 km，水库淹没区分布有 A 江特有鱼类的产卵场，其产卵期为 3～4 月。经预测，水库蓄水后水温呈季节性弱分层，3 月和 4 月出库水温较坝址天然水温分别低 1.8℃和 0.4℃。

B 市位于电站下游约 27 km 处，依江而建。现有 2 个自来水厂的取水口和 7 个工业企业的取水口均位于 A 江，城市生活污水和工业废水经处理后排入 A 江。电站建成后，B 市现有的 2 个自来水厂取水口上移至库区。

【问题】

1．指出该项目主要的环境保护目标。

2．给出该项目运行期对水生生物产生影响的主要因素。

3．该项目是否需要配套工程措施以保障水库下游最小生态需水量？说明理由。

4．指出施工期应采取的水质保护措施。

【参考答案】

1．指出该项目主要的环境保护目标。

答：（1）A 江特有的鱼类及其产卵场。

（2）水环境功能为Ⅲ类的 A 江库区河段。

（3）B 市现有的 2 个自来水厂取水口和 7 个工业企业取水口。

（4）需搬迁的移民区及3个集中安置点。

2．给出该项目运行期对水生生物产生影响的主要因素。

答：（1）大坝阻隔。大坝建成后，将阻隔坝址上下水生生物的种群交流，特别是对A江特有鱼类及其他洄游鱼类的阻隔影响。

（2）水文情势的变化。库区流速变缓，水位抬升，可能导致鱼类群落结构发生改变，原有的流水型鱼类逐渐减少或消失，被静水型鱼类取代。坝址下游减水段环境的变化，会对水生生物产生不利影响，减水段的鱼类“三场”将受到破坏。

（3）库区淹没。破坏了A江特有鱼类的产卵场。

（4）低温水。对库区及坝下游水生生物生活有不利影响。

（5）下泄水的气体过饱和。如果不采取有效措施，高坝大库下泄水可能产生气体过饱和，对下游鱼类产生不利影响。

3．该项目是否需要配套工程措施以保障水库下游最小生态需水量？说明理由。

答：（1）不需要。

（2）由于该工程为堤坝式水电站，具有周调节能力，在电力系统需要时可承担日调峰任务，正常发电时下泄的水量可以满足下游生态用水需求。即使不发电，也可通过溢流坝或泄洪闸放水保障下游生态用水。

4．指出施工期应采取的水质保护措施。

答：（1）对砂石加工系统废水设沉砂池，沉淀后回用。

（2）对混凝土拌和站废水采用中和、沉淀处理后回用。

（3）对机械修配、汽车修理及保养厂的废水采取隔油、沉淀和生化处理后回用。

（4）对施工生活污水进行生化处理后回用。

（5）施工场地尽可能远离河道。

（6）施工固体废物及时清理，禁止向河道内倾倒弃土、弃渣和生活垃圾。

（7）开展环境监理，加强施工期间的水土保持。

【考点分析】

该案例是根据2013年案例分析考试试题改编而成，需要考生认真体会，综合把握。

1．指出该项目主要的环境保护目标。

本题所指的保护“目标”，为具体的“对象”，也为敏感目标，如特种鱼、居民点、取水口、Ⅲ类地表水体等。

2．给出该项目运行期对水生生物产生影响的主要因素。

《环境影响评价案例分析》考试大纲中“二、项目分析（1）分析建设项目施工期和运营期环境影响的因素和途径，识别产污环节、污染因子和污染物特性，核算物耗、水耗、能耗和主要污染物源强”。

影响因素指产生影响的原因，本题可简单答：大坝阻隔、水文情势的变化、库区淹没、低温水和下泄水的气体过饱和。

3．该项目是否需要配套工程措施以保障水库下游最小生态需水量？说明理由。

《环境影响评价案例分析》考试大纲中“四、环境影响识别、预测与评价（1）识别环境影响因素与筛选评价因子；（4）确定环境要素评价专题的主要内容”。

本题与“八、水利水电类 案例2 新建水利枢纽工程”第4题，“八、水利水电类 案例4 新建水库工程”第3题，“八、水利水电类 案例6 坝后式水利枢纽工程”第1题性质类似，均为水坝下游需水量的分析问题。

堤坝式水电站一般为大坝与发电厂一体式，一般均设泄洪闸或溢流坝，尽管堤坝式水电站在调峰运行时会使坝下出现减水，但只需通过溢流坝或泄洪闸的开闸放水即可保证下游最小生态需水量，不必再单独设置下泄生态需水的工程设施。

4．指出施工期应采取的水质保护措施。

《环境影响评价案例分析》考试大纲中“六、环境保护措施分析（1）分析污染控制措施的技术经济可行性”。

本题既可从施工废水的处理措施角度考虑，也可从水环境要素角度考虑。在采取工程措施的基础上适当考虑施工布局、水土保持及环境管理的要求。

案例4　新建水库工程

【素材】

某市拟在清水河一级支流A河新建水库工程，水库主要功能为城市供水、农业灌溉，主要建设内容包括大坝、城市供水取水工程、灌溉引水渠首工程，配套建设灌溉引水主干渠等。

A河拟建水库坝址处多年平均径流量为0.6亿m^3，设计水库兴利库容为0.9亿m^3，坝高40 m，回水长度12 km，为年调节水库；水库淹没耕地12 hm^2，需移民170人，库周及上游地区土地利用类型主要为天然次生林、耕地，分布有自然村落，无城镇和工矿企业。

A河在拟建坝址下游12 km处汇入清水河干流，清水河A河汇入口下游断面多年平均径流量为1.8亿m^3。

拟建灌溉引水主干渠长约8 km，向B灌区供水，B灌区灌溉面积0.7万hm^2，灌溉回归水经排水渠于坝下6 km处汇入A河。

拟建水库的城市供水范围为城市新区生活和工业用水，该新区位于A河拟建坝址下游10 km处，现有居民2万人，远期规划人口规模10万人，工业以制糖、造纸为主。该新区生活污水和工业废水处理达标后排入清水河干流，清水河干流A河汇入口以上河段水质现状为Ⅴ类，A河汇入口以下河段水质为Ⅳ类。

灌溉用水按500 m^3/（亩①·a）、城市供水按300 L/（人·d）测算。

【问题】

1．给出该工程现状调查应包括的区域范围。

2．指出该工程对下游河流的主要环境影响，并说明理由。

3．为确定该工程大坝下游河流的最小需水量，需要分析哪些环境用水需求？

4．该工程实施后能否满足各方面用水需求？说明理由。

① 1亩=0.066 7 hm^2。

【参考答案】

1. 给出该工程现状调查应包括的区域范围。

答：（1）A 河：库区及上游集水区，下游水文变化区直至 A 河入清水河河口的河段；

（2）B 灌区；

（3）清水河：A 河汇入的清水河上下游由于工程建设引起水文变化的河段；

（4）灌溉引水主干区沿线区域；

（5）供水城市新区。

2. 指出该工程对下游河流的主要环境影响，并说明理由。

答：（1）对下游洄游鱼类的阻隔影响。由于在 A 河上建设大坝，造成河道生境切割，阻止下游鱼类通过大坝完成洄游。

（2）由于坝下形成减水段，河流水文情势及水生生态将发生变化。由于库区蓄水及引水灌溉，A 河坝下至清水河汇入口 12 km 的河段将形成一个减水段。

（3）由于汇入清水河的水量减少，对清水河水文情势及水生生态也将产生不利影响。

（4）水生生物生境及鱼类“三场”的改变。坝下河段水文情势的改变，造成水生生物生境的改变，特别是鱼类“三场”将受到不利影响或破坏。

（5）低温水及气体过饱和问题。由于该工程为年调节的高坝水库，如果农灌季节下泄库底低温水，会导致下游出现低温水灌溉，导致农作物减产；如果下放上层水或下泄方式不当，则容易产生气体过饱和；另外，下放上层泥沙含量少的清水，则容易导致下游河道的冲刷、河岸的塌方。

（6）灌溉回归水（农田退水）的污染影响。灌溉回归水含有较多的污染物，对下游河流水质和干流清水河水质将造成不利的影响。

3. 为确定该工程大坝下游河流的最小需水量，需要分析哪些环境用水需求?

答：（1）维持 A 河河道及清水河水质的最小稀释净化水量；

（2）维持 A 河河道及清水河水生生态系统稳定所需的水量；

（3）A 河河道外生态需水量，包括河岸植被需水量、相连湿地补给水量等；

（4）维持 A 河及清水河流域地下水位动态平衡所需要的补给水量；

（5）景观用水。

4. 该工程实施后能否满足各方面用水需求?说明理由。

答：（1）能满足 B 灌区的农灌用水和城市新区近、远期的供水。因为该水库的功能为城市供水和农业灌溉，而 B 灌区农灌用水为：$0.7\times10^4\ \text{hm}^2\times15\times500\ \text{m}^3$/（亩·a）$=0.525\times10^8\ \text{m}^3/\text{a}$，城市新区远期用水为：100 000 人×300 L/（人·a）×365 d÷1 000=$0.109\,5\times10^8\ \text{m}^3$，两者合计小于水库的兴利库容，仅占水库兴利库容的 70.5%。

（2）不能确定是否满足城市工业用水的需求，因为制糖、造纸均为高耗水行业，其规划建设的规模、用水量预测等均未知。

（3）不能确定是否满足大坝下游河道及清水河的环境用水需求。因为确定环境用水的各类指标未确定，A河坝下接纳的灌溉回归水，水质较差，而且汇入清水河后，会使汇水口下游的Ⅳ类水体进一步恶化，而A河水库的下泄水量与水质也有不确定性。

【考点分析】

该案例试题是根据2012年案例分析考试真题修改而成，其中不少考点与本书“八、水利水电类 案例5 跨流域调水工程”类似，请各位考生认真分析，寻找高频考点，做到事半功倍。

1. 给出该工程现状调查应包括的区域范围。

《环境影响评价案例分析》考试大纲中“三、环境现状调查与评价（1）判定评价范围内环境敏感区”。

此考题与本书“八、水利水电类 案例5 跨流域调水工程”第1题考点完全一致，类似考点重复出现的现象很多，请考生注意。

2. 指出该工程对下游河流的主要环境影响，并说明理由。

《环境影响评价案例分析》考试大纲中“四、环境影响识别、预测与评价（1）识别环境影响因素与筛选评价因子；（4）确定环境要素评价专题的主要内容”。

此考题与本书“八、水利水电类 案例5 跨流域调水工程”第3题考点完全一致。

3. 为确定该工程大坝下游河流的最小需水量，需要分析哪些环境用水需求?

《环境影响评价案例分析》考试大纲中“四、环境影响识别、预测与评价（1）识别环境影响因素与筛选评价因子；（4）确定环境要素评价专题的主要内容”。

此考题与本书“八、水利水电类案例6 坝后式水利枢纽工程”第1题考点完全一致。

4. 该工程实施后能否满足各方面用水需求?说明理由。

《环境影响评价案例分析》考试大纲中“四、环境影响识别、预测与评价（1）识别环境影响因素与筛选评价因子；（4）确定环境要素评价专题的主要内容”。

案例 5 跨流域调水工程

【素材】

青城市为缓解市供水水源问题，拟建设调水工程，由市域内大清河跨流域调水到碧河水库，年均调水量为 $1.87\times10^7\ m^3$，设计引水流量为 $0.75\ m^3/s$。碧河水库现有兴利库容为 $3\times10^7\ m^3$，主要使用功能拟由防洪、农业灌溉供水和水产养殖调整为防洪、城市供水和农业灌溉供水。该工程由引水枢纽和输水工程两部分组成，引水枢纽位于大清河上游，由引水堤坝、进水闸和冲沙闸组成。坝址处多年平均径流量 $9.12\times10^7\ m^3$，坝前回水约 3.2 km；输水工程全长 42.94 km，由引水隧洞和输水管道组成。其中引水隧洞长 19.51 km，洞顶埋深 8～32 m，引水隧洞进口接引水枢纽，出口与 DN 1300 的预应力砼输水管相连；输水管道管顶埋深为 1.8～2.5 m，管线总长为 23.43 km。按工程设计方案，坝前回水淹没耕地 $9\ hm^2$，不涉及居民搬迁，工程施工弃渣总量为 $1.7\times10^5\ m^3$，工程弃渣方案拟设两个集中弃渣场用于枢纽工程。

【问题】

1. 该工程的环境影响范围应该包括哪些区域？
2. 给出引水隧洞工程涉及的主要环境问题。
3. 指出工程实施对大清河下游的主要影响。
4. 列出工程实施过程中需要采取的主要生态保护措施。

【参考答案】

1. 该工程的环境影响范围应该包括哪些区域？

答：应包括以下区域：

（1）调出区——大清河，包括坝后回水段、坝下减水段及工程引起水文情势变化的区域。

（2）调入区——碧河水库。

（3）调水线路沿线——输水工程沿线，即引水隧道及管道沿线。

（4）各类施工临时场地及弃渣场。

2．给出引水隧洞工程涉及的主要环境问题。

答：（1）隧道施工排水引起地下水变化的问题。

（2）隧洞顶部植被及植物生长受影响的问题。

（3）隧道弃渣处理与利用的问题。

（4）隧道施工可能导致的塌方、滑坡等地质灾害及其环境影响问题。

（5）隧洞洞口结构、形式与周边景观的协调问题。

（6）隧洞施工引起的噪声与扬尘污染影响，以及生产生活污水排放的污染问题。

3．指出工程实施对大清河下游的主要影响。

答：（1）造成坝下减水，甚至河床裸露，导致坝下区域生态系统类型的改变；如果不能确保下泄一定的生态流量，将影响下游河道及两岸植被的生态用水，甚至下游的工农业用水、生活用水等。

（2）改变下游河流的水文情势，如果坝下减水段有鱼类的“三场”，则会受到破坏。

（3）库区冲淤下灌泥沙容易导致下游河道局部泥沙淤积而抬高水位。

（4）库区不冲淤而下泄清水时又容易导致河道两岸受到清水的冲蚀而造成塌方。

4．列出工程实施过程中需要采取的主要生态保护措施。

答：（1）大清河筑坝应考虑设置过鱼设施。

（2）设置确保下泄生态流量及坝下其他用水需要的设施。

（3）弃渣场及各类临时占地的土地整治与生态恢复措施。

【考点分析】

该案例是根据2011年案例分析考试试题改编而成，需要考生认真体会，综合把握。

1．该工程的环境影响范围应该包括哪些区域？

《环境影响评价案例分析》考试大纲中“四、环境影响识别、预测与评价（3）确定评价工作等级和评价范围”。

2．给出引水隧洞工程涉及的主要环境问题。

《环境影响评价案例分析》考试大纲中“四、环境影响识别、预测与评价（1）识别环境影响因素与筛选评价因子；（4）确定环境要素评价专题的主要内容”。

3．指出工程实施对大清河下游的主要影响。

《环境影响评价案例分析》考试大纲中“四、环境影响识别、预测与评价（1）识别环境影响因素与筛选评价因子”。

水利水电项目建设对下游减水河段的影响是常考不衰的重点，答案内容无非是对水文情势的影响，对水质的影响，对下游工农业等需水区的影响，对洄游路径、“三场”等环保目标的影响等。

4．列出工程实施过程中需要采取的主要生态保护措施。

《环境影响评价案例分析》考试大纲中“六、环境保护措施分析（2）分析生态影响防护、恢复与补偿措施的技术经济可行性”。

一般情况下，要完整正确地提出环保措施，必须先进行环境影响识别，然后根据环境影响提出有针对性的环保措施。

案例 6　坝后式水利枢纽工程

【素材】

某拟建水利枢纽工程为坝后式开发。工程以防洪为主，兼顾供水和发电。水库具有年调节性能，坝址断面多年平均流量 88.7 m^3/s。运行期电站至少有一台机组按额定容量的 45%带基荷运行，可确保连续下泄流量不小于 5 m^3/s。

工程永久占地 80 hm^2，临时占地 10 hm^2，占地性质为灌草地。水库淹没和工程占地共需搬迁安置人口 3 800 人，拟在库周分 5 个集中安置点进行安置。库区（周）无工业污染源，入库污染源主要为生活污染源和农业面源；坝址下游 10 km 处有某灌渠取水口。本区地带性植被为亚热带常绿阔叶林，水库蓄水将淹没古树名木 8 株。

库区河段现为急流河段，有 3 条支流汇入，入库支流总氮、总磷质量浓度范围分别为 0.8～1.3 mg/L，0.15～0.25 mg/L。库尾河段有某保护鱼类产卵场 2 处，该鱼类产黏沉性卵，且具有海淡洄游习性。

【问题】

1．确定该工程大坝下游河流最小需水量时，需要分析哪些方面的环境用水需求？

2．评价水环境影响时，需关注的主要问题有哪些？说明理由。

3．该工程带来的哪些改变会对受保护鱼类产生影响？并提出相应的保护措施。

4．该项目的陆生植物的保护措施有哪些？

【参考答案】

1. 确定该工程大坝下游河流最小需水量时，需要分析哪些方面的环境用水需求？

答：（1）工农业生产及生活需水量，尤其是下游 10 km 处某灌渠取水口的取水量；

（2）维持水生生态系统稳定所需水量；

（3）维持河道水质的最小稀释净化水量；

（4）维持地下水位动态平衡所需要的补给水量，以防止下游区域土壤盐碱化；

（5）维持河口泥沙冲淤平衡和防止咸潮上溯所需的水量；

（6）河道外生态需水量，包括河岸植被需水量、相连湿地补给水量等；、

（7）景观用水。

2. 评价水环境影响时，需关注的主要问题有哪些？说明理由。

答：(1) 库区水体的富营养化问题。因入库支流河水中总氮、总磷浓度较高，在其他因素如水土流失、面源污染等综合作用下，容易产生富营养化。

(2) 水质污染问题。若施工期管理不当，则施工废水排放可能造成污染；运营期也可能存在面源污染，特别是如果库区清理不当，库区水质还会变差。因该项目具有供水功能，故需严格保持库区水环境质量。

(3) 低温水问题。该工程为年调节水库，低温水下泄将影响下游工农业用水。

(4) 库区消落带污染问题。该工程具有防洪功能，库区消落带的形成容易导致水环境问题。

(5) 鱼类产卵场受到污染和破坏的问题。由于受库区回水顶托的影响，库尾两处受保护的鱼类产卵场的水文情势及水质将可能发生变化，影响鱼类产卵和孵化。

(6) 移民安置产生的水环境污染问题。如果移民安置不当，则容易造成水土流失，并加剧库区及河道的水环境污染。

(7) 下游河段流量减少，自净能力下降，水质变差的问题。

3. 该工程带来的哪些改变会对受保护鱼类产生影响？并提出相应的保护措施。

答：(1) 大坝建设阻断了受保护鱼类的洄游通道。

(2) 库区大量蓄水，受回水的顶托作用，库尾的产卵场环境也受到影响，影响了鱼类产卵和孵化。

(3) 库区水文情势变化，特别是水流变缓，将不适宜急流性鱼类生活，这将导致库区鱼类种群组成的变化，包括受保护鱼类。

(4) 库区大面积的淹没区，蓄水及周边面源污染物的排入，特别是如果移民安置不当，都将导致水土流失加剧，使库区水质变差，影响鱼类的生存环境。

(5) 工程建设导致下游出现减水段，这将影响鱼类的正常生活和洄游。

(6) 高坝下泄水，产生过饱和气体。

保护措施：

(1) 库区蓄水前应进行认真的清理。

(2) 妥善做好移民安置工作，包括合理选择安置区。

(3) 合理调度工程发电，确保下泄一定的生态流量工作的长效性。

(4) 采取人工增殖放流、营造适宜的产卵场（如建立人工鱼礁）、建立鱼类保护区、加强调查研究，根据实际情况设置过鱼通道。

(5) 加强渔政管理和生态监测，防治水土流失和面源污染，切实保护流域生态环境。

(6) 分层放水。

4. 该项目的陆生植物的保护措施有哪些？

答：(1) 施工期合理布置作业场所，进一步优化各类临时占地，严格控制占地面积，减少对植物的破坏。

（2）对临时征占的10 hm^{2}灌草地，在施工结束后及时恢复植被。

（3）对工程永久征占的80 hm^{2}灌草地，在施工建设前，分层取土，剥离土壤层并保护好，用于工程取土场、弃土弃渣场或其他受破坏区域的土地整治和植被恢复.

（4）对库区蓄水将淹没的8株古树名木予以移植、移植后挂牌保护或建立保护区。

（5）加强施工教育。

（6）进一步优化移民安置区，控制陡坡开垦，尽最大可能减少对植被的破坏。

（7）对受工程影响区域采取切实的水土保持措施。

（8）对容易发生地质灾害的区域，尽量避免人为干扰和植被破坏，必要时采取必要的拦挡措施，防止地质灾害发生破坏植被。

【考点分析】

该案例是根据2010年案例分析考试试题改编而成，需要考生认真体会，综合把握。

1. 确定该工程大坝下游河流最小需水量时，需要分析哪些方面的环境用水需求？

《环境影响评价案例分析》考试大纲中“四、环境影响识别、预测与评价（1）识别环境影响因素与筛选评价因子；（4）确定环境要素评价专题的主要内容”。

2. 评价水环境影响时，需关注的主要问题有哪些？说明理由。

《环境影响评价案例分析》考试大纲中“四、环境影响识别、预测与评价（4）确定环境要素评价专题的主要内容”。

气体过饱和的含义：水库下泄水流通过溢洪道或泄洪洞冲泄到消力池时，产生巨大的压力并带入大量空气，由此造成水体中含有过饱和气体，这一情况一般发生在大坝泄洪时期，水中过饱和气体主要为氧气和氮气（氮气起决定性作用）。水库泄洪过程中过饱和氧气的产生将在一定范围内加速降解水体中好氧性污染物，溶解氧浓度的维持能使水库水质良好状态得到保证。水体中过饱和氮气对水库水质基本上无影响，但它是影响水生生物的主要物质。对水生生物的影响受体主要是鱼类，鱼类较长时间生活在溶解气体分压总和超过流体静止压强的水中，会使溶解气体在其体内、皮肤下等部位以气泡状态游离出来，这种现象叫“气泡病”，发病的鱼类多为中层、上层生活的鱼类，幼鱼死亡率为5%～10%。

3. 该工程带来的哪些改变会对受保护鱼类产生影响？并提出相应的保护措施。

《环境影响评价案例分析》考试大纲中“四、环境影响识别、预测与评价（4）确定环境要素评价专题的主要内容”和“六、环境保护措施分析（2）分析生态影响防护、恢复与补偿措施的技术经济可行性”。

举一反三：

水利水电项目中此类考题已经多次出现，请考生尤其注意。此题与 2013 年案例分析考试中第 5 题堤坝式水电站中“2. 给出该项目运行期对水生生物产生影响的主要因素”的考点几乎一致。真题答案概括如下：

（1）大坝阻隔，影响鱼类洄游；

（2）水库蓄水后水温分层、低温水下泄；

（3）库区淹没特有鱼类的产卵场；淹没部分上游高中山峡谷景观资源（如果淹没区有古树名木或其他风景名胜等也应一并作答）

（4）大坝建成后，坝下水量减少，库区水流流速减缓、水文情势改变、水质恶化；

（5）高坝下泄水，产生过饱和气体。

4．该项目的陆生植物的保护措施有哪些？

《环境影响评价案例分析》考试大纲中“六、环境保护措施分析（2）分析生态影响防护、恢复与补偿措施的技术经济可行性”。

案例7 梯级开发引水式电站项目

【素材】

某水电站建设项目为规划径流式7梯级开发电站中的第三级。该河流有国家级保护鱼类，其中有鲑科鱼类两种；河流两岸森林较为茂密，有国家二级保护植物和二级保护鸟类。工程土石方量1 000万m^3，需移民3 000人，拟建设为引水式电站，大坝高130 m，长3 000 m，坝址下游有农田10万亩，工厂3处。施工高峰时约4 000人。

【问题】

1．生态环境现状应调查哪些内容？应采取哪些调查方法？

2．大坝建设对半洄游性鱼类、洄游性鱼类有何影响？应采取什么措施？

3．大坝建设对下游河道、农灌及工业用水有何影响？

4．移民安置影响评价应评价哪些内容？

5．对评价区国家保护植物种采取什么保护措施？

【参考答案】

1．生态环境现状应调查哪些内容？应采取哪些调查方法？

答：（1）重点调查内容。

① 森林调查：要阐明植被类型、组成、结构、特点，生物多样性等；评价生物损失量、物种影响、有无重点保护物种、有无重要功能要求。

② 陆生和水生动物：种群、分布、数量；评价生物损失、物种影响、有无重点保护物种。要阐明是否有鱼类“三场”（产卵场、索饵场、越冬场）、洄游通道分布。特别要明确区内是否有国家和地方保护、珍稀濒危特有鱼类的分布，如有需阐明其生态习性、繁殖特性等。

③ 农业生态调查与评价：占地类型、面积，占用基本农田数量，农业土地生产力，农业土地质量；

④ 水体流失情况调查：侵蚀模数、程度、侵蚀量及损失，发展趋势及造成的生态问题，工程与水土流失的关系。

⑤ 景观资源调查与评价：由于项目涉及自然保护区、风景名胜区等敏感区域，

故要阐明敏感区域与工程的区位关系及自然保护区、风景名胜区内保护动植物数量、名录、生活习性、分布范围等。

（2）主要调查方法。主要有收集资料法（当地有关部门的各类规范性文件、技术资料、有关科研单位的研究成果、航拍资料）、现场踏勘法（实际观察与样方调查）、遥感及 GPS 技术应用、访问专家及当地群众等。

遥感技术应用需专业人员结合现场调查进行，主要是制作遥感图件，并解译出相关信息。

2．大坝建设对半洄游性鱼类、洄游性鱼类有何影响？应采取什么措施？

答：（1）影响。

① 大坝修建后，下游的半洄游性鱼类、洄游性鱼类无法洄游至上游，位于库区的产卵场将不复存在，河流梯级开发后其产卵场亦将全部消失，由此会影响半洄游性鱼类、洄游性鱼类的繁殖。

② 大坝修建后，一些适应于激流环境并且以摄食底栖生物为主的特有鱼类，因其适宜的生境已完全消失而在水库中绝迹。它们是无法通过水库上下交流的，因而大坝建设直接影响半洄游性鱼类、洄游性鱼类的生长。

（2）措施。

一种是采取工程措施，建鱼梯、鱼道，让洄游鱼类正常返回栖息和繁殖地；另一种是对洄游鱼类进行人工繁殖。同时，应设定水电站大坝的下泄基流量。

3．大坝建设对下游河道、农灌及工业用水有何影响？

答：（1）对下游工、农业取水的影响。如果取水口处于减水段，则会导致农灌、工业用水量的不足，可用水量减少甚至缺失，严重影响下游工、农业生产的发展。

（2）减水灌溉对农业生产产量的影响。冷水灌溉对生长期及产量有影响。

（3）对下游湿地的影响。减水的河道流量大大减少，下游湿地可能因此而消失。

（4）对洄游性鱼类造成严重的影响，导致洄游鱼类无法洄游到大坝上游，影响其索饵或繁殖。

（5）清水下泄改变河道原来的水文情势，对下游河岸产生冲蚀影响。

4．移民安置影响评价应评价哪些内容？

答：一般评价对移民生活、就业和经济状况的影响，移民安置区土地开发利用对环境的影响。包括：

（1）对移民生产条件、生活质量的影响：应考虑搬迁初期、搬迁后期；预测移民环境容量和移民生产条件、生活质量及环境状况，并从生态保护角度分析移民环境容量的合理性。

（2）对水环境的影响：应预测生产和生活废污水量、主要污染物及对水质的影响。

（3）对生态环境的影响：移民后开发、工程建设和农田开垦，将进一步破坏生态系统。

（4）对社会环境的影响：移民从水电站库区迁移到异地，对当地的风俗、社会习惯产生影响。

（5）对人群健康的影响：移民搬迁把原来的流行传染疾病一并转移，对当地人群健康产生影响。

5．对评价区国家保护植物种采取什么保护措施？

答：（1）对施工人员进行野生植物保护的宣传教育。

（2）建立生态破坏惩罚制度，禁止野外用火。

（3）征求文物、林业等部门的意见，对名木采取工程防护、移栽、引种繁殖栽培、种质库保存及挂牌保存。

【考点分析】

1．生态环境现状应调查哪些内容？应采取哪些调查方法？

《环境影响评价案例分析》考试大纲中“三、环境现状调查与评价（2）制定环境现状调查与监测方案”。

该考点为近年来常考考点，考生们需特别对待。

2．大坝建设对半洄游性鱼类、洄游性鱼类有何影响？应采取什么措施？

《环境影响评价案例分析》考试大纲中“四、环境影响识别、预测与评价（4）确定环境要素评价专题的主要内容”和“六、环境保护措施分析（2）分析生态影响防护、恢复与补偿措施的技术经济可行性”。

举一反三：

大坝建设对生态环境的影响是水利水电建设项目必须关注的重要问题，评价中必须对河流生态结构与功能有充分的调查和认识，大坝建设导致的淹没、阻隔、径流变化是对河流生态系统最大的干扰，评价中应根据《环境影响评价技术导则　生态影响》中提供的景观生态学评价方法，重点评价大坝建设对河流廊道的生态功能的影响，并要考虑河流的连续性的生态功能。

一般情况下，水利水电项目水生生态影响要分析水文情势变化造成的生境变化，对浮游植物、浮游动物、底栖生物、高等水生植物的影响，对国家和地方重点保护水生生物，以及珍稀濒危特有鱼类及渔业资源等的影响，对“三场”分布、洄游通道（包括虾、蟹）、重要经济鱼类及渔业资源等的影响。

3．大坝建设对下游河道、农灌及工业用水有何影响？

《环境影响评价案例分析》考试大纲中“四、环境影响识别、预测与评价（4）确定环境要素评价专题的主要内容”。

举一反三：

引水式电站环境对于河道生态影响比较大，主要是由于大坝建设会造成下游河道的减水。对于此类电站对河流生态系统的影响必须深入进行评价，特别是该案例项目属于梯级开发引水电站，一定程度上会使天然河流流量减少，乃至河道断流，最终导致生态功能完全丧失。

大坝下游下泄生态流量计算时应考虑的用水类型也是近几年的高频考点，应重点考虑下游工农业生产及生活需水量、下游水生生态平衡所需的水量以及维持河道水质的最小稀释净化水量等，需要考生们重点注意，既要知道计算影响因素，又可以从题干中给出的信息中找到相应的数据，进而进一步的计算出下泄生态流量。

4．移民安置影响评价应评价哪些内容？

《环境影响评价案例分析》考试大纲中“四、环境影响识别、预测与评价（4）确定环境要素评价专题的主要内容”。

5．对评价区国家保护植物种采取什么保护措施？

《环境影响评价案例分析》考试大纲中 “六、环境保护措施分析（2）分析生态影响防护、恢复与补偿措施的技术经济可行性”。

举一反三：

本题与本书“八、水利水电类　案例 6　坝后式水利枢纽工程”第 4 题考点类似，请考生自行总结。类似考点近 3 年案例分析考试中多次出现，值得注意。这类题型，2017 年考试中，考试形式发生一定的变化，题目更贴近实际案例。对动植物保护措施的考查中，题干中引入环评机构提出的保护措施，判断保护措施是否完善或合理，并要求给出原因。这就要求考生能够全面、准确判断出措施是否合理到位，并且要紧扣题意说出合理与否的的原因，建议在答题过程中考生应在全面掌握的基础之上紧扣题意，做到精准答题。

水利水电类案例小结

水利水电类案例几乎是历年环评案例分析考试的必考类型，现结合历年考试出题形式及考查知识点，对该类案例知识点总结如下：

一、工程分析

(1) 规划符合性分析。

要求：

① 凡梯级开发项目必须先行规划并进行规划环评；

② 在做好生态保护和移民安置的前提下积极发展水电；

③ 生态优先、统筹考虑、适度开发、确保底线。

底线：自然保护区、风景名胜区以及国家主体生态功能区、生态功能区中规定的禁止开发区，国家重要濒危、珍稀保护动物栖息地和重要土著生物的唯一生境等，应列为河流水电禁止开发区。

规划协调性分析内容如下：

① 是否符合流域或区域总体发展规划、环境功能区划、规划环评提出的环保要求；

② 是否影响重要的规划保护目标；

③ 是否影响流域、区域的可持续发展；

④ 项目自身目标的可达性及是否能可持续发展；

⑤ 产业政策符合性。

(2) 项目组成。

大坝、生活区、施工作业场、物料堆场、取土场、弃土（渣）场、施工道路、对外交通、库区清理工程（库内涉及尾矿渣堆、固体废物填埋场）、移民、拆迁工程等。

二、环境影响源（因子）

(1) 施工期：工程开挖、弃渣、占地及“三废”和噪声排放等施工活动；

(2) 运营期：大坝阻隔、水库淹没、水库及电站运行（放水）。

(3) 移民安置。

三、生态现状调查与评价

关注河流、陆生生态、水生生态、敏感保护目标、环境空气、声环境、地下水等。

1. 影响范围/现状调查范围

工程上下游河段、施工区、淹没区、水源区、引水渠沿线区域、受水区；移民安置区；湿地、河口区等。

2. 调查内容

(1) 水环境调查内容。

① 工程所在河段水功能区划、水环境功能区划，水质、水温，主要供水水源地；

② 废水排放量，污染物类别，施用农药、化肥的种类及数量；

③ 河流水质现状监测断面布置；

④地下水水质及污染源。

(2) 水土流失。

水土流失现状、成因及类型。

(3) 陆生生态。

① 工程影响区的植物区系、植被类型（热带雨林、常绿阔叶林等）及分布（组成、结构）；

② 野生动物区系、种类、分布及其生境；

③ 国家、省保护物种、珍稀动植物、特有种的种类、生态习性、种群结构、种群规模、生境及分布、保护级别与保护状况；

④ 自然保护区的类型、级别、范围、功能区划、保护对象和保护要求；

⑤ 生态完整性评价：调查自然系统生产能力和稳定状况。

(4) 水生生态。

调查范围：库区干支流及淹没区以上至上一级电站坝址的鱼类重要生境（繁殖、索饵等）；坝下至下一级水电站库区（最后一级的调查范围应包括该支流汇口附近干流江段）。

调查内容（重点内容加黑）包括：

①浮游生物、底栖生物、水生高等植物的种类、数量、分布；

②鱼类区系组成、种类，“三场”（产卵场、索饵场、越冬场），洄游通道；

③国家和地方保护、珍稀濒危、特有鱼类分布、生态习性、繁殖特性等。

(5) 涉及自然保护区、风景名胜区等敏感区域，阐明其与工程的区位关系。

(6) 简要指出区内主要生态环境问题。

四、环境影响评价及环保措施

1．对水环境的影响

(1) 水库初期蓄水，坝下游出现暂时脱水情况，水库自净能力差。

(2) 水库运行期，库内水文情势变化（水位抬升、流速变缓），地表水由河流型向水库型转变，大库出现水温分层；库下游河段水文情势变化，水位降低、流量减少。

(3) 地下水：对地下水水质的影响。

2．生态影响及保护措施

(1) 陆生生态影响。

生态切割与阻隔，占用土地及植被，景观影响，临时占地造成生态破坏、水土流失，库区淹没损失，下游减水河段生态影响。

①库区淹没、工程占地、移民安置等对植被类型、分布及演替趋势的影响；

②对珍稀濒危和特有植物、古树名木种类及分布的影响；

③对陆生动物、珍稀濒危和特有植物、古树名木种类及分布的影响；

④对土地利用的影响；

⑤对生态完整性、稳定性、景观的影响；

⑥水库水温变化对灌溉农作物的影响。

(2) 陆生生态系统保护措施。

①对珍稀植物就地保护、移栽、引种繁殖、种质库保存、建设植物园及加强管理等；

②占用林地应（生物量）补偿；

③施工及移民安置损坏植被，应提出恢复与绿化措施；取土弃渣、设施建设扰动植被造成水土流失，应该采取水土保持措施；

④陆生动物栖息地被破坏，应提出预留迁徙通道或建立人工替代生境等保护及管理措施。

(3) 对陆生动物的影响。

①施工期：施工噪声惊扰，逃离原栖息地；施工过程中的开挖和填埋活动对多种爬行动物的伤害；

②运营期：坝上游淹没区、河谷灌丛林地和农田区域陆生脊椎动物的栖息地损失，动物迁徙他处；下游河道水量减少，一些野生动物会进入河道及两岸区域活动。

(4) 水生生态的影响。

1）对饵料生物的影响；对浮游生物、底栖生物、水生高等植物的影响。

2）对鱼类的影响（重点）。

施工期：生产生活废水若不处理直接排放，对局部河段鱼类生长、繁殖的影响。

运营期：

① 大坝阻隔：阻隔鱼类洄游通道，阻碍上下游鱼类种质交流；

② 鱼类区系组成变化：库区水深、流速等水文情势的变化会造成原有水生生境的改变甚至消失，致使鱼类区系组成发生变化，特别是珍稀保护、特有物种的消失；

③ 对鱼类产卵场、索饵场、越冬场的破坏：坝上、下游河段若有鱼的“三场”，由于水文情势的变化，会受到一定的破坏；

④ 对保护鱼类（国家、省、特有种）的影响：大坝阻隔、水文情势变化、水环境和饵料生物的变化；

⑤ 下泄低温水对下游鱼类的不利影响；

⑥ 下泄气体过饱和水对鱼类的影响，特别是对幼鱼造成的严重影响。

3）鱼类保护措施。

① 采取过鱼措施。

对于拦河闸和水头较低的大坝，宜修建鱼道、鱼梯、鱼闸等永久性的过鱼建筑物；对于高坝大库，宜设置升鱼机，配备鱼泵、过鱼船，以及采取人工网捕过坝措施。加强过鱼措施实际效果的监测。

② 人工增殖放流措施。

重点增殖放流国家、地方保护及珍稀特有鱼类和重要经济鱼类。

建立水生生态环境监测系统，长期监测鱼类增殖放流效果。

③ 工程建设使鱼类“三场”和重要栖息地遭到破坏甚至消失，应尽量选择适宜河段人工营造相应水生生境。

④ 对存在气体过饱和影响的水利水电工程，需采取对策措施，如调整泄流建筑物形式；在保证防洪安全的前提下，适当延长泄流时间，降低泄流量；多种设施合理组合的泄流措施等。

4）影响洄游性鱼类产卵的五大因子：水温、水位、流量、流速、含沙量。

（5）大坝建设对上游区域的影响。

① 淹没损失（生态、经济层面，措施：就地/迁地保护，种质保存，建立自然保护区）；

② 顶托作用对上游、排水口的影响；

③ 泥沙淤积影响；

④ 地质灾害（库岸）。

（6）水库淹没影响主要考虑的内容。

① 淹没范围；

② 可能造成的生物多样性影响；

③ 造成土地资源的损失；

④ 景观破坏；

⑤ 水环境问题（污染、富营养化）及水文情势的变化。

(7) 大坝建设对下游区域的影响。

① 减水带来下游河道的生态影响；

② 对工、农业取水的影响；

③ 对农业灌溉的影响；

④ 对与下游相连接湿地的影响；

⑤ 对洄游鱼类的影响；

⑥清水下泄对下游河岸的冲蚀影响。

(8) 对农业的影响及措施。

①水质；

②水温（冷水灌溉减产）；

③用水量；

④上游农田淹没损失；

⑤下游河岸冲蚀、岸边农田损失。

措施：分层取水、科学调度、确保一定的下泄流量、定量灌溉。

九、规划环境影响评价

案例 1 煤矿矿区规划环评

【素材】

某矿区位于内蒙古锡林浩特盟，矿区煤炭资源分布面积广，煤层赋存稳定，资源十分丰富，是适宜露天和井工开采的特大型煤田，是我国重要的能源基地。矿区东西长 40 km，南北宽 35 km，规划面积 960 km^2，均衡生产服务年限为 100 年。境界内地质储量 19 669 Mt，主采煤层平均厚度 10.65 m，其中露天开采储量 14 160 Mt，井工开采储量 5 509 Mt，另外还有后备区 1 070 Mt，暂未利用储量 1 703 Mt。为合理开发煤炭资源，当地拟定该矿区开发的规划，包括井田划分方案，煤炭洗选及加工转化规划，矿区地面设施规划（矿井及选煤厂、附属企业、铁路专用线、瓦斯电厂、煤矸石综合利用电厂等），矿区给、排水规划和环境保护规划等。

该矿区内目前已有一座露天矿在生产。区内只有一条河流过，矿区地处中纬度的西风带，属半干旱大陆性气候，草原面积占 97.3%，森林覆盖率 1.23%。多年来，由于干旱、大风、过牧等因素的影响，保护区的生态环境十分恶劣，沙化、退化草场所占比例扩展到 64%。特别是近几年来，由于连续遭受干旱、沙尘暴等自然灾害，有的地方连续两年寸草不生。水资源短缺，地下水补给主要靠大气降水和地表水渗入。

【问题】

1．列出该规划环评的主要保护目标。

2．列出该规划环评的主要评价内容。

3．列出该评价的重点。

4．矿区内河流已无环境容量，应如何利用污废水？

5．应从哪几方面进行矿区总体规划的合理性论证？

【参考答案】

1．列出该规划环评的主要保护目标。

和项目环评一样，根据矿区周边的自然环境特征、人文特点、环境功能要求，该区环境保护目标为矿区生态环境、区域地表水环境、区域地下水环境、环境空气、声环境、社会环境、固体废弃物、资源与能源。使之满足相应的功能区划，矿区与区域社会持续协调发展，固体废物的生成量达到最小化、减量化及资源化，资源与能源消耗总量达到减量化，以及鼓励更多地使用可再生的资源，能源及废物实现资源化利用。并根据单项工程的具体进度确定各环境要素在不同阶段的保护目标。

2. 列出该规划环评的主要评价内容。

（1）规划方案。

（2）规划区域环境。

（3）规划方案初步分析。

（4）环境影响识别与环境目标及评价指标。

（5）环境调查与评价。

（6）环境影响预测与评价。

（7）环境容量与污染物总量控制。

（8）生态环境保护与建设。

（9）公众参与。

（10）矿区总体规划合理性论证。

（11）环境保护对策和减缓措施。

（12）清洁生产与循环经济。

（13）环境管理和监测计划。

3. 列出该评价的重点。

（1）在区域自然环境资源现状调查和环境质量评价的基础上，对开发区环境现状、环境承载能力、环境影响进行分析，识别制约本地区经济发展的主要环境因素，提出对策和措施。

（2）根据矿区发展目标和方案，识别规划区的开发活动可能带来的主要环境影响以及可能制约开发区发展的环境因素，并提出对策和措施。

（3）从环境保护角度论证规划项目建设，包括能源开发，资源综合利用，污染集中治理设施的规模、工艺、布局的合理性。

（4）对拟议的规划建设项目（包括土地利用规划、环境功能区划、产业结构与布局、发展规模、基础设施建设、环保设施建设等）进行环境影响分析和综合论证，提出完善规划的建议和对策。

（5）提出大气污染物总量控制方案。

（6）制定区域环境保护宏观战略规划和区域环境保护与生态建设规划。

将评价要素中的生态环境、水环境和环境保护对策作为本次评价工作的重点。

4. 矿区内河流已无环境容量，应如何利用污废水？

尽量做到废水零排放，疏干水要求资源化利用；生活污水经过处理后回用于各生产环节；实在用不完的疏干水和生活污水就近送往其他需水项目供利用；根据该区域自然环境特点，采用人工或天然氧化塘处理污废水，满足相关标准后进行回用。

5．应从哪几方面进行矿区总体规划的合理性论证？

① 矿区规划的资源可行性；② 矿区规划与城市总体规划的合理布局分析；③ 总体规划主体项目与国家产业政策一致性分析；④ 经济与社会环境协调性分析。

【考点分析】

1．列出该规划环评的主要保护目标。

根据《环境影响评价技术导则　大气环境》（HJ 2.2—2008）中如何根据常规因子和特征因子制定现状监测方案的内容确定，详见导则原文。

2．列出该规划环评的主要评价内容。

《环境影响评价案例分析》考试大纲中“九、规划环境影响评价（2）判断规划实施后影响环境的主要因素及可能产生的主要环境问题”。

3．列出该评价的重点。

《环境影响评价案例分析》考试大纲中“九、规划环境影响评价（2）判断规划实施后影响环境的主要因素及可能产生的主要环境问题”。

4．矿区内河流已无环境容量，应如何利用污废水？

《环境影响评价案例分析》考试大纲中“九、规划环境影响评价（3）分析环境影响减缓措施的合理性和有效性”。

5．应从哪几方面进行矿区总体规划的合理性论证？

《环境影响评价案例分析》考试大纲中“九、规划环境影响评价（1）分析规划的环境协调性”。

案例 2　工业园规划环评项目

【素材】

A 市拟在本市西北方向 10 km 处建设规划面积为 5 500 亩的“向日葵工业园”，它是经 A 市所在的 B 省人民政府批准的省级开发区。该工业园区以绿色食品加工、轻纺服装、机械电子、新型建材与电子加工行业为主导产业。该工业园区规划布局是：北部为轻纺服装、新型建材企业的厂房区；南部主要为产业服务区板块，含工业园管理区、公共服务设施、商业金融、医疗卫生、居住用地等；东部规划为绿色食品加工、电子行业加工区板块。根据工业园规划，入园各企业均自建燃煤锅炉进行供热。详见图 1《向日葵工业园园区规划图》。

向日葵工业园西北方向 2 km 处为峰河，该河无划定饮用水水源保护区及游泳区。峰河为 A 市城区排水及向日葵工业园排水最终受纳水体。峰河全长 656 km，集水面积为 45 220 km^2，河段弯曲系数 0.68，平均比降为 0.3‰。峰河 A 市段每年高水位期在 7～8 月，低水位期在 12 月～翌年 2 月，常年径流量平均 395 亿 m^3，最高径流量 654 亿 m^3，最低径流量 180 亿 m^3；枯水期段平均流量 270 m^3/s。

根据工业园规划内容，向日葵工业园东南向拟建设园区污水集中处理厂，处理规模为 2.5 万 t/d。该工业园所在区域属典型的北亚热带大陆性季风气候，四季分明，光照充足，雨量充沛。A 市城市主导风向为 ES。园区周边目前有少量分散的董家湾居民点。主要植被为高大茂密的落叶阔叶林和常绿针叶林，其树种主要为水杉、池杉、椿、槐、杨、油茶、南茶、柑橘、乌桕、板栗、梨、柿、桑等。农作物有水稻、小麦、油菜、棉花、芝麻等。

向日葵工业园主要环境敏感目标如表 1 所示。

表 1　向日葵工业园主要环境敏感目标

保护对象	性质	位置关系
A 市市区	行政、商贸、文化教育、集中居住区域	工业园区东南 10 km
峰河	地表水Ⅲ类水体	紧邻工业园东南侧，为 A 市城市污水及工业园排水最终水体
工业园区周边	董家湾居民点（非集中）	工业园区周边

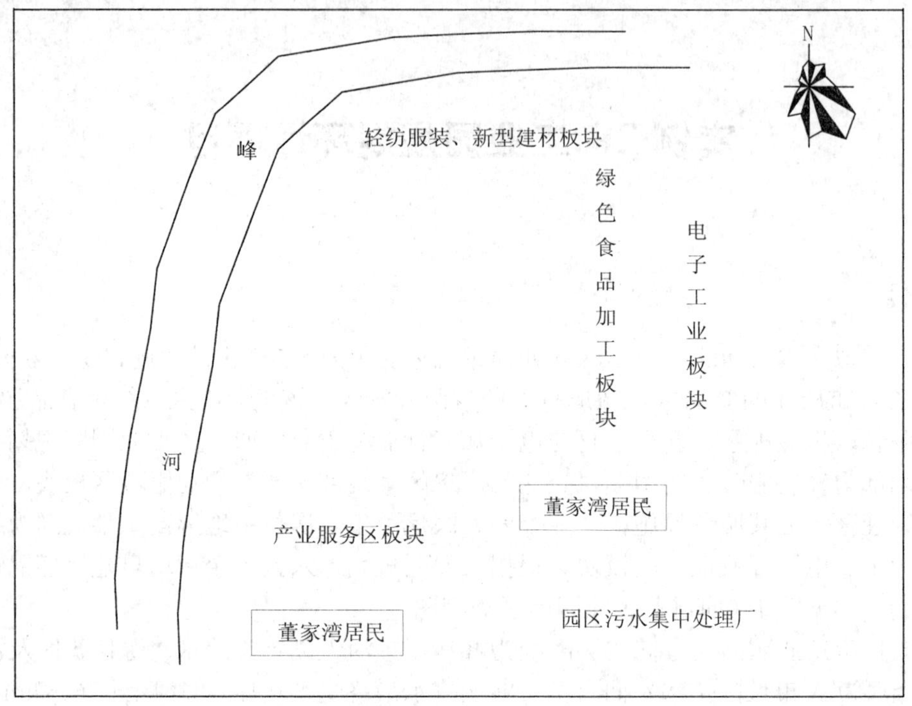

图1　向日葵工业园园区规划

【问题】

请根据上述背景材料，回答以下问题：

1．向日葵工业园环境影响评价报告书应设置哪些评价专题？

2．在工业园规划与城市发展规划协调性分析中，应包括哪些主要内容？

3．从环境保护角度出发，评述向日葵工业园污水集中处理厂设置的合理性。

4．若在工业园里建设一个电镀基地，那么在本环评报告书中还应该增加哪些内容？

5．根据题目提供的素材，请提出向日葵工业园规划布局调整建议。

【参考答案】

1．向日葵工业园环境影响评价报告书应设置哪些评价专题？

答：向日葵工业园环境影响评价报告书应设置以下评价专题：

（1）区域环境现状调查：自然环境及生态环境调查、社会环境调查；

（2）区域环境质量现状调查、监测和评价：水环境质量现状调查、监测和评价，大气环境质量现状调查、监测和评价，声环境质量现状调查、监测和评价；

（3）水环境影响评价和控制措施：水污染源预测、峰河水环境影响预测及评价；

（4）大气环境影响评价和控制措施：评价区区域污染气象特征、大气污染源预测、区域大气环境质量影响预测和评价；

（5）生态环境影响分析：生态变化影响因素、生态环境影响分析、生态环境保护和生态建设；

（6）声环境质量影响评价：主要噪声源预测、区域声环境质量预测、区域噪声影响控制；

（7）固体废物环境影响分析：固体废物污染源预测、固体废物及其处理对环境的影响分析、固体废物的处置和综合利用；

（8）区域社会经济分析：工业园区经济分析、对 A 市及 A 市所在 B 省的社会经济影响分析；

（9）环境容量与污染物排放总量控制：水环境容量分析和污染物排放总量控制；

（10）区域开发规划方案合理性分析：工业园区规划与 A 市总体规划一致性分析、工业园区总体布局与功能分区合理性分析、工业园区环境功能区划的合理性分析、工业园区规划与土地利用总体规划合理性分析、工业园区土地利用生态适宜度分析、工业园区发展限制因素分析；

（11）公众参与：征询工业园区内和区外单位、专家和公众意见；

（12）工业园区环境管理体系：环境管理及信息系统、环境风险管理、环境监测；

（13）工业园区规划优化调整建议。

2. 在工业园规划与城市发展规划协调性分析中，应包括哪些主要内容？

答：在工业园规划与城市发展规划协调分析中，应包括的主要内容有以下几个方面：

（1）工业园土地利用的规划与 A 市城市发展规划协调性分析；

（2）工业园规划布局与 A 市产业结构协调性分析；

（3）工业园排水与峰河 A 市段水体功能区划的协调性分析；

（4）工业园区环境保护规划与 A 市环境保护规划的协调性分析；

（5）工业园水资源利用和能源规划与 A 市相关规划的协调性分析等；

（6）工业园区供热规划与 A 市相关规划的协调性分析等。

3. 从环境保护角度出发，评述向日葵工业园污水集中处理厂设置的合理性。

答：从环境保护角度出发，向日葵工业园污水集中处理厂设置在东南向不合理。理由如下：

（1）工业园污水集中处理厂设在东南向，距离纳污水体峰河较远，污水管网路线铺设长；

（2）A 市的城市主导风向为 ES，园区规划将集中污水处理厂设置在主导风向的上风向。若将污水处理厂调整布置在园区西北向，就可避免污水处理厂恶臭气体对工业园区及董家湾居民点的影响。

4．若在工业园里建设一个电镀基地，那么在本环评报告书中还应该增加哪些内容？

答：若在工业园里建设一个电镀基地，则在本环评报告书中还应该增加下列内容：

（1）电镀基地与工业园布局规划的协调性分析；

（2）对电镀基地在工业园的选址合理性进行分析；

（3）电镀基地必须单独建设污水处理设施，提高污水的回用率及重复使用率，并且加强污水管网防渗防漏措施等方面的分析；

（4）处理后的电镀废水对向日葵工业园集中污水处理厂的废水接纳能力及水质的冲击影响分析；

（5）提出对电镀基地生产产生的酸性气体（主要为酸电解除锈工艺中产生的硫酸酸雾、镀铬时产生的铬酸雾、中和工段挥发的HCl）的控制减缓措施；

（6）对电镀基地周边土壤重金属本底进行监测；

（7）提出对电镀基地污泥的安全处置措施；

（8）对工业园区设置卫生防护距离可行性的分析；

（9）循环经济在电镀基地层次的分析。

5．根据题目提供的素材，请提出向日葵工业园规划布局调整建议。

答：向日葵工业园规划布局调整建议如下：

（1）建议污水处理厂的位置布置在园区的西北向；

（2）工业园供热企业不能自建燃煤锅炉，应该由工业园采用集中供热，建设供热电厂，并使用天然气、柴油等清洁能源；

（3）尽量将产生污染较大的企业布置在工业园以北的地块，将污染较小的企业布置在工业园以东地块；

（4）将位于污水集中处理厂下风向处的董家湾居民搬迁，避免其受污水处理厂臭气影响；

（5）建材等污染大的行业设置足够的卫生防护距离和绿化带，必要时可对企业厂区总图布置进行调整，避免或减缓企业排污对董家湾居民生活或其他对环境条件要求较高的企业产生影响；

（6）污水处理厂处理后的中水考虑回用。

【考点分析】

1．向日葵工业园环境影响评价报告书应设置哪些评价专题？

《环境影响评价案例分析》考试大纲中“四、环境影响识别、预测与评价（4）确定环境要素评价专题的主要内容”。

开发区环评跟建设项目环评有联系也有区别，评价专题的设置要体现区域环评的特点，突出规划的合理性分析和规划布局论证、排污口优化、能源清洁化和集中供热（汽）、环境容量和总量控制等涉及全局性、战略性等方面的内容。

举一反三：

根据《开发区区域环境影响评价技术导则》（HJ/T 131—2003），开发区区域环境影响评价一般设置以下专题：

（1）环境现状调查与评价；

（2）规划方案分析与污染源分析；

（3）环境空气影响分析与评价；

（4）水环境影响分析与评价；

（5）固体废物管理与处置；

（6）环境容量与污染物总量控制；

（7）生态环境保护与生态建设；

（8）开发区总体规划的综合论证与环境保护措施；

（9）公众参与；

（10）环境监测和管理计划。

2．在工业园规划与城市发展规划协调性分析中，应包括哪些主要内容？

《环境影响评价案例分析》考试大纲中“九、规划环境影响评价（1）分析规划的环境协调性”。

举一反三：

协调性分析是规划环境影响评价的重要组成部分，它的分析对象是被评价的规划草案及其相关的政策、法规、规划等。在以规划草案为评估对象的环境影响评价中，协调性分析能够起到两种作用：解释制订规划草案的“政策背景环境”和检查规划草案是否存在资源保护、环境保护方面的缺陷和不足。这两种作用不能被截然分开。规划环境协调性分析的内容涉及规划的各个方面，可以从规划布局、规划影响、公用配套等角度进行考虑。在进行环境影响评价时将开发区所在区域的总体规划、布局规划、环境功能区划与开发区规划做详细对比，分析开发区规划是否与所在区域的总体规划具有相容性。

3．从环境保护角度出发，评述向日葵工业园污水集中处理厂设置的合理性。

《环境影响评价案例分析》考试大纲中“九、规划环境影响评价（3）分析环境影响减缓措施的合理性和有效性”。

举一反三：

风向频率可分 8 个或 16 个罗盘方位观测，累计某一时期内（一季、一年或多年）各个方位风向的次数，并以各个风向发生的次数占该时期内观测、累计各个不同风向（包括静风）的总次数的百分比来表示。

相应的比例长度按风向中心绘制 8 个或 16 个方位图上，然后将各相邻方向的端点用直线连接起来，形成一个宛如玫瑰的闭合折线，就是风向玫瑰图。图中线段最长者即为当地主导风向。

在城市规划中，应根据主导风向的上风向和下风向确定重大污染源和城市生活区等重要环境敏感点的相对位置。一般地讲，重大污染源应建造在城市的边缘地带且处在常年主导风向的侧风向，这样污染源排放的污染物就不会由于主导风向而向主要环境敏感点扩散从而造成污染。因此，在城市规划中重大污染源禁止设计在主导风向的上风向。

此外，在饮用水源上游规定区域范围、人口密集区主导风向的上风向，限制设立化工、造纸、医药等污染类型的开发区。

4．若在工业园里建设一个电镀基地，那么在本环评报告书中还应该增加哪些内容？

《环境影响评价案例分析》考试大纲中“九、规划环境影响评价（2）判断规划实施后影响环境的主要因素及可能产生的主要环境影响”。

考生在回答此类问题时，应将电镀行业的污染特征与工业园区环保要求紧密结合起来回答。

举一反三：

电镀废水主要有以下几种：

- 电解后进行中和处理后的水洗废水，主要污染物为酸碱污染物；
- 镀镍后镀件水洗产生的废水，主要污染物为镍；
- 镀铬后镀件水洗产生的废水，主要污染物为镍、铬；
- 车间地面冲洗废水，主要成分是镍、铬、悬浮物。

其中含铬废水和含镍废水在车间废水治理装置预处理达到一类污染物车间排放标准后，和其他废水一起排入自建污水处理装置，处理达标后排入园区集中污水处理厂。

根据《污水综合排放标准》（GB 8978—1996）的要求，对第一类污染物，不分行业和污水排放方式，也不分受纳水体的功能类别，一律在车间或车间处理设施排放口采样。第一类污染物有总汞、总镍、总铍、总铬、总砷、总铅、总银、六价铬、总镉、烷基汞、苯并[*a*]芘、总α放射性、总β放射性，共 13 类。

5．根据题目提供的素材，请提出向日葵工业园规划布局调整建议。

《环境影响评价案例分析》考试大纲中“九、规划环境影响评价（3）分析环境影响减缓措施的合理性和有效性”。

十、验收调查

案例 1　高速公路竣工验收项目

【素材】

西南地区某高速公路于 2009 年完成环评审批，2013 年建成试运行，现拟开展竣工环境保护验收调查。

该高速公路主线全长 95 km，双向四车道，其中 KⅠ段（K0—K62）长 62 km。位于平原微丘区，设计车速 100 km/h，路基宽度 26 m；KⅡ段（K62—K95）长 33 km，位于山岭重丘区，设计车速 80 km/h，路基宽度 24.5 m。公路在 K75 建设 1 座长 300 m 的大桥跨越青龙河，在 K87—K94 建设 1 座 7 km 特长隧道，隧道在 K90 设置 1 个通风竖井（衬砌后竖井内径 6 m，井深 280 m），竖井采用自上而下的方式开挖，从井口出渣，井口至已有二级公路建设 3.5 km 施工便道。2014 年和 2020 年设计车流量分别为 KⅠ段 8 000 pcu（标准小客车流量）/d、14 000 puc/d，KⅡ段 7 000 pcu/d、12 000 pcu/d。

环境影响评价报告书中记载的公路沿线基本情况概述为：公路 KⅠ段以农业植被为主，KⅡ段以山区林木植被为主；青龙河水环境功能为Ⅲ类，桥址下游 5 km 处为一饮用水水源保护区上边界；特长隧道穿越的山林植被覆盖度较高，隧道出口（K94）附近有河溪及水田；公路沿线 200 m 范围内共有 29 个声环境敏感点，全部为村庄。声环境影响评价表明：在 2020 年设计车流量条件下，有 10 个村庄声环境质量超标，应采取声屏障措施：位于公路 K33 的 M 村庄距离公路路肩 90 m，预测声环境质量达标，不设置声屏障。

环境影响评价报告批复文件提出：应进一步优化路线设计方案，减少土石方开挖和植被破坏；采取措施减缓隧道施工排水对农田的影响，对山顶植被实施生态监测；对预测声环境质量超标的村庄采取声屏障等措施；跨河桥梁路段应采取防范车辆事故泄漏措施。

建设单位提供的资料表明：试运行阶段车流量 KⅠ段 6 500 pcu/d，KⅡ段 4 500 pcu/d；为减少土石方开挖和植被破坏，改移 K82—K85 约 3 km 路段线位，最大改移距离 330 m，声环境敏感点由 2 个增至 4 个，其中，新增 P 村庄距离公路路肩 90 m；特长隧道施工期间产生涌水量较环评预测水量显著增加。

根据图纸，跨青龙河桥梁已设置桥面事故水收集管道，按环评要求在河岸基岩上设置了200 m^3 事故应急池，事故应急池底板高程95 m，桥址处设计防洪水位90 m；制订了环境风险应急预案，配备事故应急设施。

验收调查单位制订噪声验收监测计划时，认为P村庄与M村庄距公路路肩距离一致，可以类比M村庄的监测结果，不需要开展P村庄的噪声验收监测。

【问题】

1．给出K82—K85改移路段验收调查时需了解的声环境敏感点信息。

2．采用M村庄的监测数据类比P村庄噪声影响的做法是否正确？说明理由。

3．指出特长隧道排水对植被影响调查应重点关注的内容。

4．说明青龙河桥事故应急池验收现场调查的主要内容。

【参考答案】

1．给出K82—K85改移路段验收调查时需了解的声环境敏感点信息。

答：（1）改移路段新增声环境敏感点：居住区的名称、规模、人口的分布情况；敏感目标与建设项目的方位、距离、高差关系。

（2）改移路段原有的声环境敏感点：敏感目标与建设项目的方位、距离、高差关系的变化。

（3）项目噪声对居民点的实际影响调查。

2．采用M村庄的监测数据类比P村庄噪声影响的做法是否正确？说明理由。

答：不正确。

M村庄位于K33附近，位于平原微丘区，道路设计车速100 km/h，路基宽26 m；P村位于K82—K85路段附近，位于山岭重丘区，道路设计车速80 km/h，路基宽24.5 m。M村与P村所在路段设计车速、车流量、路基宽度、道路高差均不一样，其受道路噪声的影响不能类推。

3．指出特长隧道排水对植被影响调查应重点关注的内容。

答：（1）为减少隧道排水对农田影响而采取的措施及其实际效果，农田植被的种类、数量，项目前后变化情况等；

（2）山顶植被生态监测方案落实情况及其对山顶植被的实际影响效果，如山顶植被的种类、数量、覆盖率，项目前后变化情况等。

4．说明青龙河桥事故应急池验收现场调查的主要内容。

答：核实事故池设计和建设是否符合环评及其批复要求，主要内容包括：

（1）事故池容积；

（2）事故池建设高程；

（3）桥面事故水收集管道是否可以接入事故池。

【考点分析】

1. 给出 K82—K85 改移路段验收调查时需了解的声环境敏感点信息。

《环境影响评价案例分析》考试大纲中“三、环境现状调查与评价（2）制定环境现状调查与监测方案”。

本题考点涉及声环境现状调查中的敏感点调查内容，主要包括：

（1）环境敏感点的名称、规模、人口的分布情况。

（2）敏感目标与建设项目的关系（如方位、距离、高差）。

本题为变更路段验收调查，需考虑新增敏感点的信息调查、原有敏感点与项目关系的变化及道路运营噪声对居民的实际影响。

因此，对于工程实际与环评批复不一致的部分验收调查，应补充调查工程发生变动段影响范围内主要环境保护目标的详细信息，并调查或监测工程对其产生的影响。该题型在 2017 年出现。

2. 采用 M 村庄的监测数据类比 P 村庄噪声影响的做法是否正确？说明理由。

《环境影响评价案例分析》考试大纲中“四、环境影响识别、预测与评价（5）选择、运用预测模式与评价方法”。

本题考查环境影响类比的适用条件，需结合题干信息分析。

3. 指出特长隧道排水对植被影响调查应重点关注的内容。

《环境影响评价案例分析》考试大纲中“八、建设项目竣工环境保护验收调查（4）确定建设项目竣工环境保护验收调查的重点”。

生态环境影响验收调查内容根据项目的特点设置，一般包括：

（1）工程沿线生态状况：珍稀动植物和水生生物种类、保护级别、分布状况等；

（2）工程占地情况调查：临时占地、永久占地的位置、面积、取弃土量及生态恢复情况；

（3）影响范围内水体流失现状、成因、类型和所采取的防治措施；

（4）影响区内植被类型、数量、覆盖率的变化情况；

（5）影响区内不良地质地段分布状况及工程采取的防护措施；

（6）项目建设运行改变周围水系情况时，应做水文情势调查，必要时进行水生生态调查。

结合本题，可筛选出隧道排水对植被影响调查的重点内容是：对山顶植被、水田植被的影响及防护措施落实情况。

对于施工期生态影响较大的工程，生态保护措施还应关注施工期生态影响和保护措施。

4. 说明青龙河桥事故应急池验收现场调查的主要内容。

《环境影响评价案例分析》考试大纲中“八、建设项目竣工环境保护验收调查（4）

确定建设项目竣工环境保护验收调查的重点”。

本题根据案例素材信息，可基本确定事故池有效性验收调查的主要内容，相对较简单。另外，对于环境风险较大的建设项目，环境风险与应急措施落实情况也是验收调查或检查的重点内容。

案例 2　涉自然保护区高速公路竣工验收项目

【素材】

某高速公路工程于 2009 年取得环评批复，2010 年 3 月开工建设，2012 年 9 月建成通车试营运。路线全长 160 km，双向四车道，设计行车速度 100 km/h，路基宽度 26 m，设互通立交 6 处，特大桥 1 座，大中小桥若干；服务区 4 处，收费站 6 处，养护工区 2 处。试营运期日平均交通量约为工程可行性研究报告预测交通量的 68%。建设单位委托开展竣工环境保护验收调查。

环境保护行政主管部门批复的环评文件载明：路线在 Q 自然保护区（保护对象为某种国家重点保护鸟类及其栖息地）实验区内路段长限制在 5 km 之内；实验区内全路段应采取隔声和阻光措施；沿线有声环境敏感点 13 处（居民点 12 处和 S 学校），S 学校建筑物为平房，与路肩水平距离 30 m，应在路肩设置长度不少于 180 m 的声屏障；养护工区、收费站、服务区污水均应处理达到《污水综合排放标准》（GB 8978—1996）二级标准。

初步调查表明：工程路线略有调整，实际穿越 Q 自然保护区实验区的路段长度为 4.5 km，全路段建有声屏障（非透明）或密植林带等隔声阻光措施；沿线声环境敏感点有 11 处，相比环评阶段减少 2 处居民点；S 学校建筑物与路肩水平距离 40 m，高差未变，周边地形开阔，路肩处建有长度为 180 m 的直立型声屏障；服务区等附属设施均建有污水处理系统，排水按《污水综合排放标准》（GB 8978—1996）一级标准设计。

【问题】

1. 对于 Q 自然保护区，生态影响调查的主要内容有哪些？
2. 对于居民点，声环境影响调查的主要内容有哪些？
3. 为确定声屏障对 S 学校的降噪量，应如何布设监测点位？
4. 按初步调查结果，污水处理系统能否通过环保验收？说明理由。

【参考答案】

1. 对于 Q 自然保护区，生态影响调查的主要内容有哪些？

答：（1）调查线路穿越自然保护区的具体位置（明确出入点桩号）及穿越保护

区的功能，并附线路实际穿越保护区位置图。

（2）调查自然保护区的功能区划，并附功能区划图。

（3）调查保护区主要保护对象——重点保护鸟类的种类、保护级别、种群、分布及其生态学特征，栖息条件及受保护现状。

（4）调查工程建设及实际运行对保护区结构、功能及重点保护鸟类及其栖息地与活动造成的实际影响。

（5）调查工程采取的声屏障与密植林带等隔声阻光措施的具体情况及其有效性。

2．对于居民点，声环境影响调查的主要内容有哪些？

答：（1）调查11处居民点与公路的空间位置关系，如距离、方位、高差等。

（2）调查工程对沿线受影响居民点采取的降噪措施情况。

（3）选择有代表性的与公路不同距离的居民点进行昼夜监测。

3．为确定声屏障对S学校的降噪量，应如何布设监测点位？

答：在S学校教室前1 m处布点，并在无声屏障的开阔地带，等距离布设对照点。

4．按初步调查结果，污水处理系统能否通过环保验收？说明理由。

答：（1）不能确定。

（2）应通过实际监测的排水水质结果来确定。

【考点分析】

该案例是根据2013年案例分析考试试题改编而成，涉及考点较多，需考生综合把握。

1．对于Q自然保护区，生态影响调查的主要内容有哪些？

《环境影响评价案例分析》考试大纲中“三、环境现状调查与评价（2）制定环境现状调查与监测方案”。

本题对自然保护区生态影响调查的主体框架包括：建设项目与自然保护区之间的位置关系；自然保护区生态环境现状调查（功能区划，保护对象、保护级别、种群、分布及其生态学特征，栖息条件及受保护现状等）；工程建设与营运（验收调查项目）对自然保护区的实际影响等。

2．对于居民点，声环境影响调查的主要内容有哪些？

《环境影响评价案例分析》考试大纲中“三、环境现状调查与评价（2）制定环境现状调查与监测方案”。

对居民点，声环境影响调查应包括：居民点与工程位置关系调查；针对居民点采取的环保措施运行效果；对居民点声环境影响的实际监测。

3．为确定声屏障对S学校的降噪量，应如何布设监测点位？

《环境影响评价案例分析》考试大纲中“八、建设项目竣工环境保护验收调查（2）检查环境保护措施的有效性和污染防治设施运行的效果”。

确定声屏障对 S 学校的降噪量需布设学校声环境现状监测点及无声屏障等距离的对照监测点。

4．按初步调查结果，污水处理系统能否通过环保验收？说明理由。

《环境影响评价案例分析》考试大纲中“八、建设项目竣工环境保护验收调查 (1) 检查建设项目污染防治设施和生态保护措施落实情况与经批准的环境影响评价文件及其审批文件的相符性；(5) 判断建设项目竣工环境保护验收调查结论的正确性”。

污水处理设施是否满足要求，应通过实际监测来判断，不能仅仅依靠设计来判断。

案例3 某井工煤矿竣工验收调查

【素材】

某井工煤矿于2011年10月经批准投入试生产，试生产期间主体工程运行稳定，环保设施运行正常，拟开展竣工环境保护验收工作，项目环境影响报告书于2008年8月获得批复，批复的矿井建设规模为3.00 Mt/a。配套建设同等规模选煤厂，主要建设内容包括：主体工程、辅助工程、储装运工程和公用工程。场地平面布置由矿井工业场地、排矸场、进矿道路、排矸场道路等四部分组成。工业场地（含道路）占地 40.0 m^2，矿井井田面积 1 800 hm^2，矿井开采采区接替顺序为“一采区→二采区→三采区”，首采区（一采区）为已采取，服务年限10年。

环评批复的主要环保措施包括：3台20 t/h锅炉配套烟气除尘脱硫系统，除尘效率95%，脱硫效率60%；地埋式生活污水处理站，处理规模为600 m^3/d，采用二级生活处理工艺；矿井水处理站，处理规模为1.0亿 m^3，配套建设拦挡坝、截排水设施；对于受开采沉陷影响的地面保护对象留设保护煤柱。

竣工环境保护验收调查单位初步调查获知：工程建设未发生重大变动，并按环评报告书与批复要求对受开采沉陷影响的地面保护对象留设了保护煤柱。试生产期间矿井与选煤厂产能达到 2.20 Mt/a。生活污水和矿井水处理量分别为480 m^3/d、8 000 m^3/d。3台20 t/h锅炉烟气除尘脱硫设施建成投入运行，排矸场拦挡坝、截排水工程已建成。调查发现，2010年8月批准建设的西气东输管线穿越井田三采区。

环评批复后，与该项目有关的新颁布或修订并已实施的环境质量标准、污染物排放标准有《声环境质量标准》(GB 3096—2008)、《工业企业厂界环境噪声排放标准》(GB 12348—2008)。

【问题】

1．指出竣工环境保护验收调查工作中，还需补充哪些工程调查内容？
2．确定该项目竣工环境保护验收的生态调查范围。
3．在该项目声环境验收调查中，应如何执行验收标准？
4．生态环境保护措施落实情况调查还需补充哪些工作？
5．判断试生产运行工况是否满足验收工况要求，并说明理由。

【参考答案】

1. 指出竣工环境保护验收调查工作中，还需补充哪些工程调查内容？

还需补充的工程调查内容大概分为如下几个方面：

（1）工程建设过程资料：项目立项时间，环境评价单位，初步设计完成时间，项目施工时间，环境保护设施设计单位，施工单位，工程和环境监理单位。

（2）工程概况：煤矿办公区，生活区，环保投资。

（3）工程地理位置图和平面布置图（标明比例尺、工程设施和敏感点）。

（4）西气东输工程概况及采取的环保措施。

2. 确定该项目竣工环保验收的生态调查范围。

（1）与环境影响评价时生态影响评价的范围一致。

（2）重点调查矿井首采区（一采区）、工业场地周边、运矸道路及运煤道路（或铁路专用线）两侧以及排矸场范围内的生态影响。

3. 在该项目声环境验收调查中，应如何执行验收标准？

（1）采用环境影响报告书和环保部门确认的《城市区域环境噪声标准》（GB 3096—93）和《工业企业厂界噪声标准》（GB 12348—90）进行验收。

（2）以新标准《声环境质量标准》（GB 3096—2008）和《工业企业厂界环境噪声排放标准》（GB 12348—2008）进行校核或达标考核。

（3）符合旧标准，又符合新标准，则通过验收；符合旧标准，但不符合新标准，则建议通过验收，但应按新标准要求进行整改。

4. 生态环境保护措施落实情况调查还需补充哪些工作？

（1）首采区沉陷变形及生态整治。

（2）工程占地的生态补偿。

（3）各类临时占地的生态恢复。

（4）排矸场的生态恢复计划。

（5）井田土地复垦及生态整治计划。

（6）厂区及企业运输道路绿化情况。

（7）对穿越三采区的西气东输工程沿线采取的生态保护措施。

5. 判断试生产运行工况是否满足验收工况要求，并说明理由。

（1）满足验收工况要求。

（2）该项目试生产工况：2.2 Mt/a /3.00 Mt/a =73.3%，小于 75%。根据验收规范及有关规定，对于短期内生产能力确实达不到 75%以上的，在主体工程运行稳定、环保设施运行正常的情况下，可以进行验收调查。

【考点分析】

本题是根据 2012 年案例分析考试真题修改而成。

1. 指出竣工环境保护验收调查工作中，还需补充哪些工程调查内容？

《环境影响评价案例分析》考试大纲中“八、建设项目竣工环境保护验收调查（1）检查建设项目污染防治设施和生态保护措施落实情况与经批准的环境影响评价文件及其审批文件的相符性；（2）检查环境保护措施的有效性和污染防治设施运行的效果；（4）确定建设项目竣工环境保护验收调查的重点”。

此考点属于验收调查的工作范围。根据《建设项目竣工环境保护验收管理办法》第四条的有关规定，建设项目竣工环境保护验收的工作范围应包括：

（1）与建设项目有关的各项环境保护设施，包括为防治污染和保护环境所建成或配备的工程、设备、装置和监测手段，各项生态保护设施。

（2）环境影响报告书（表）或者环境影响登记表和有关设计文件规定的应采取的其他各项环境保护措施。

2. 确定该项目竣工环境保护验收的生态调查范围。

《环境影响评价案例分析》考试大纲中“八、建设项目竣工环境保护验收调查（4）确定建设项目竣工环境保护验收调查的重点”。

一般情况下，验收调查范围包括地理范围和工作范围，地理范围指的是依据环境影响评价文件所确定的评价范围和工程对环境的实际影响范围。生态调查范围属于验收调查的地理范围的范畴。

3. 在该项目声环境验收调查中，应如何执行验收标准？

《环境影响评价案例分析》考试大纲中“八、建设项目竣工环境保护验收调查（5）判断建设项目竣工环境保护验收调查结论的正确性”。

4. 生态环境保护措施落实情况调查还需补充哪些工作？

《环境影响评价案例分析》考试大纲中“六、环境保护措施分析（2）分析生态影响防护、恢复与补偿措施的技术经济可行性”和“八、建设项目竣工环境保护验收调查（1）检查建设项目污染防治设施和生态保护措施落实情况与经批准的环境影响评价文件及其审批文件的相符性；（2）检查环境保护措施的有效性和污染防治设施运行的效果；（3）判断环境保护补救措施的合理性”。

对于施工期生态影响较大的工程，生态保护措施还应关注施工期生态影响和保护措施；涉及到特殊敏感环境保护目标的，需要重点对特殊敏感保护目标的环境影响和针对性的保护措施进行调查和分析；对于环境风险较大的建设项目，环境风险与应急措施落实情况也是验收调查或检查的重点内容。

5. 判断试生产运行工况是否满足验收工况要求，并说明理由。

《环境影响评价案例分析》考试大纲中“八、建设项目竣工环境保护验收调查（5）

判断建设项目竣工环境保护验收调查结论的正确性”。

一般情况下，验收应在工况稳定、生产负荷达到设计生产能力的 75%以上的情况下进行。根据《建设项目竣工环境保护验收技术规范—生态影响类》中“对于水利水电项目、输变电工程、油气开发工程（含集输管线）、矿山采选可按其行业特征执行，在工程正常运行的情况下即可开展验收调查工作”的要求，该项目满足验收条件。

工程正常运行一般可理解为：

- 项目正常生产或运营；
- 各项污染防治措施和生态减缓措施正常运行；
- 企业各项手续齐全。